스스로학습이 희망이다
A Better Life Through Better Education

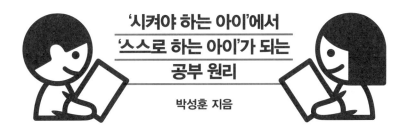

'시켜야 하는 아이'에서
'스스로 하는 아이'가 되는
공부 원리

박성훈 지음

21세기북스

차 례

프롤로그_미래의 열쇠, 스스로학습법

1장 공부란 무엇인가?

01. 4차 산업혁명 시대, 스스로의 힘이 빛나다 … 27
인공지능, 4차 산업혁명의 전령사 | 교육 패러다임이 바뀐다 | 주입식 교육이 가져온 씁쓸한 결과 | 스스로학습이 빛나는 시대

02. 아이들은 왜 공부를 힘들어할까? … 34
공부는 원래 즐거운 것 | 불행한 아이들, 세계 최하위의 행복지수

03. 아이들을 공부에서 멀어지게 하는 3가지 … 37
개인별 · 능력별 학습의 부재 | 부모에 의해 억지로 하는 공부 | 단순암기식 문제풀이

04. 처음부터 공부 못하는 아이는 없다 … 42
공부 못하는 아이와 안 하는 아이 | 아이를 바라보는 관점을 바꿔라 | 내 아이를 정말 사랑하는가?

05. 공부는 앉아 있는 습관이다 … 47
삶을 주도하는 사람이 성공한다 | 습관의 고리, 신호와 반복행동과 보상의 3단계 | 재능교육으로 스스로 공부습관 길러

2장 자기주도학습의 원조, 스스로학습법

01. 우리가 개발한 토종 학습법 … 55

단순계산 반복이 프로그램식 학습이라니 | 제대로 된 우리만의 학습지를 만들다 |
진단평가와 교재가 하나 된 학습시스템 개발

02. 스스로학습법이 주목받는 이유 … 61

자기주도학습은 스스로학습의 다른 이름 | 사교육인가? 자기주도학습인가? | 아
직도 영향을 미치는 200년 전의 교육시스템 | 스스로학습법으로 내일을 준비한다

03. 스스로학습법은 특별하다 … 69

가능성, 환경, 변화의 힘을 믿는 스스로교육철학 | 스스로교육철학, 발달적 교육관
과 성장 사고방식이 바탕 | 스스로학습법의 3가지 이론적 배경 | 스스로학습법이
특별한 이유

04. 좋아서 쉬워서 스스로 공부하는 방법 … 79

쉬운 곳부터 즐겁게 공부하라 | 스몰 스텝으로 꾸준히 공부하라 | 성공 경험이 공
부 의욕 일으킨다 | 집중해서 공부하라 | 매일매일 규칙적으로 공부하라 | 능숙해
질 때까지 반복하라

05. 스스로학습법의 3대 요소 … 99

스스로 공부하게 만드는 교육 환경 | 알맞은 출발점 찾아 처방해주는 스스로학습
시스템 | 동기를 부여하는 재능선생님 | 격려하고 지켜봐주는 학부모

3장 맞춤학습의 시작, 스스로학습시스템

01. 재능교육의 독창적인 학습평가시스템 ··· 109

스스로학습시스템의 마스터플랜 마련 | 현재 실력을 정확히 파악하는 진단평가 |
학습 진전을 점검하는 형성평가 | 목표 성취를 점검하는 총괄평가

02. 토종 교육브랜드 〈재능수학〉〈재능한자〉〈생각하는 피자〉 ··· 114

〈재능수학〉〈재능한자〉〈생각하는 피자〉의 개발 과정 | 최초의 프로그램식 학습교재 〈재능수학〉 | 한걸음 앞서 시작한 한자교육 〈재능한자〉 | 국내 최초의 사고력과 창의력 교재 〈생각하는 피자〉

03. 수학부터 시작하라 ··· 122

수학교재를 가장 먼저 개발한 이유 | 수학이 아이의 미래를 바꾼다 | 수학이 중요한 이유 5가지

04. 나에게 꼭 맞는 맞춤학습 ··· 129

자신의 수준 파악이 급선무 | 학습 성취의 원동력, 진단과 출발점 | 가장 쉽게 이해할 수 있는 학습단계 찾기 | 선행학습에 대한 오해

4장 선생님은 드림코치다

01. 선생님은 가르치는 사람이 아니다 ··· 137

선생님의 역할이 중요한 이유 | 선생님은 티칭이 아니라 코칭하는 교육전문가 | 선생님의 역할, 끌어주고 지켜보고 칭찬해주기

02. 선생님은 꿈을 심어주는 드림코치 ⋯ 143

꿈꾸게 하고 이루게 하는 재능선생님 | 코칭의 첫 단계는 상대방을 지지하는 것

03. 재능선생님의 자녀는 왜 공부를 잘할까? ⋯ 147

공부하는 방법을 잘 알고 있는 재능선생님 | 재능선생님의 자녀가 공부 잘하는 4가지 이유

04. 인간관계 능력을 키워주는 '스스로학습지도법
10계명' ⋯ 152

카네기 『인간관계론』에서 배운다 | 스스로학습 지도를 위한 10가지 계명

 5장 부모의 관심이 아이의 운명을 바꾼다

01. 부모는 재능나무를 키우는 정원사 ⋯ 179

부모는 첫 스승이자 평생 스승 | 부모는 아이의 환경이다 | 아이는 부모가 믿는 만큼 자란다 | 스스로학습시스템에서 부모의 역할

02. 아이는 말로 키운다 ⋯ 186

말한 대로 이루어지는 말의 놀라운 힘 | 아이의 운명을 바꾸는 부모의 말 한마디 | 정승처럼 키우면 정승이 되고 머슴처럼 키우면 머슴이 된다

03. 유대인의 자녀교육법, 무엇이 다를까? ⋯ 191

오늘 선생님께 무슨 질문했니? | 독서와 글쓰기 중시하는 유대인 교육 | 히브리어로 부모와 선생님은 같은 어원

04. 부모의 5분 투자가 공부 잘하는 아이 만든다 … 195

부모가 변해야 아이도 바뀐다 | 부모의 채점은 스스로학습 습관의 지름길

05. 아빠도 교육에 관심을 가져야 한다 … 199

할아버지의 경제력, 아빠의 무관심, 엄마의 정보력 | 아빠의 역할이 커진다 | 아빠의 참여, 가족을 회복시킨다

06. 감사하는 마음이 경쟁력이다 … 204

감사, 긍정성을 높이는 최고의 마음 훈련 | 0.3초의 기적, 감사의 힘 | 토크쇼 여왕 오프라 윈프리의 감사일기 5개

6장 스스로학습법의 효과 12가지

— 교육잡지 《맘대로 키워라》 발간 … 211

01. 개인차, 자신에게 맞는 걸음을 걸어라 … 213

차별화가 경쟁력이다 | 올바른 교육은 개인차 인정에서 시작한다 | 능력과 수준에 맞는 학습

02. 호기심, 물음표를 켜라 … 219

편견 없는 어린이의 눈으로 보라 | 질문은 호기심 유발하는 도구 | 호기심 이끌어내는 스스로학습법

03. 재미와 흥미가 세상을 바꾼다 … 224

지적 탐구의 즐거움 | 뇌를 기쁘게 하는 학습습관 | 재미를 느끼게 하는 스스로학습법

04. 성취감, 스스로 이루어낸 행복 ··· 230

해냈다는 즐거움과 만족감을 맛보게 하라 | 실패는 끝이 아니라 성취의 과정 | 낮은 목표와 계속되는 성취감

05. 자신감은 평범함도 위대하게 만든다 ··· 235

스스로를 믿는 것이 자신감이다 | 평가하지 않고 인정해야 한다 | 자신감은 스스로 해낼 때 나온다 | 작은 성취의 반복으로 얻는 자신감

06. 동기, 사람을 움직이는 무한동력 ··· 240

무엇이 아이를 움직이는가? | 학습동기 불러일으키는 스스로학습법

07. 반복, 꿈을 향해 내딛는 발걸음 ··· 244

프로와 아마추어의 차이 | 스스로학습법을 통한 반복학습 지속하기

08. 집중력, 마음과 생각을 다해 몰입한다 ··· 249

시간의 양이 아니라 질이 중요 | 자신감 없으면 집중력도 떨어져 | 집중력 높이는 스스로학습법

09. 습관, 꾸준함으로 몸에 익혀라 ··· 255

습관이 인생의 성패 좌우한다 | 잘 잡힌 공부습관 여든까지 간다

10. 끈기, 결국 해내는 집념 ··· 259

끈기가 성공과 실패를 가른다 | 끈기를 좌우하는 자기 통제력 | 스스로학습법이 키워주는 집념과 끈기

11. 긍정성, 행복한 삶을 결정하는 원동력 … 263

긍정은 강력한 정신 에너지의 연료 | 아이를 격려하는 긍정의 말 | 스스로학습법이
키워주는 긍정성

12. 창의성, 새로운 세상을 여는 열쇠 … 267

창의성 계발이 중요한 이유 | 창의적인 부모가 창의적인 아이를 만든다 | 창의성
교재로 인정받는 〈생각하는 피자〉

7장 스스로학습을 꽃피운 사람들

01. 재능교육 40년 역사를 돌아보며 … 275

가르침보다 큰 스스로교육

02. 섬김리더십으로 다시 뛰자 … 278

섬김리더십의 시작, 포장마차 경영 | 고객 감동의 조직문화, 섬김리더십 | 회원과
학부모를 섬기는 사람들

03. 학부모가 경험한 재능교육 이야기 … 283

학부모 사례 1 〈재능수학〉 퍼펙트! 완벽한 수학 | 학부모 사례 2 〈재능한자〉 내 아들의
장長학금 | 학부모 사례 3 〈생각하는 피자〉 엄마의 선택이 아이의 미래

04. 스스로 공부하고 스스로 성취한 아이들 … 291

회원 사례 1 은근함, 꾸준함, 우직함 삼총사 | 회원 사례 2 집중한 10분이 산만한 100
분보다 낫다 | 회원 사례 3 글로벌 리더 꿈 키워준 재능교재

05. 최초, 최고를 향하여 도전하다 ⋯ 300

가슴 뛰는 일은 밤 새워도 힘든지 몰라 | 1,000원 높은 가격은 최초 개발자의 자존심 | 최초 상담교사제로 여성의 사회 진출 확산 | 16년 기다림 끝에 탄생한 재능스스로펜 | 내 손 안의 원어민 선생님, 스스로펜의 놀라운 위력

06. 스스로학습은 스스로경영으로 진화 ⋯ 308

안주머니에 품고 다녔던 '꿈나무 비전' 조직도 | 스스로학습에서 태어난 스스로경영 | 1992년 최초의 여성 지국장 탄생 | 최고의 교육 콘텐츠 개발 산실, 스스로교육연구소 | 친환경 콩기름 인쇄로 호평받는 재능인쇄 | 힐링하고 재충전하는 곳, 재능교육연수원 | 재능TV, 디지털 미디어와 스스로학습법의 만남

07. 스스로교육철학의 전당, 인천재능대학교 ⋯ 317

사교육을 넘어 공교육에서 빛나는 스스로교육철학 | 9관왕 비결 벤치마킹하러 찾아오는 사람들

08. 회장님 수첩은 보물 ⋯ 320

〈재능수학〉과 컴퓨터 진단프로그램 개발이 가능했던 이유 | 독서는 스스로학습의 좋은 교본 | 기록의 힘, 스스로학습법의 원동력 | 재능교육현장과 스스로교육철학을 수첩에 필사

09. 시와 음악, 예술이 있는 교육 ⋯ 326

전국 시낭송 운동을 시작하다 | 교육, 창의, 예술의 광장 재능문화센터(JCC) | 끊임없는 현장답사의 발길

10. 미래를 향한 도약 ⋯ 333

호기심 잃는 순간 노인이 된다 | 나를 변화시키는 교육 | 긍정성은 성장을 위한 전제조건 | 좋아서 쉬워서 스스로 배우는 행복한 사람들

미래의 열쇠, 스스로학습법

오바마 미국 대통령은 2009년 7월 아프리카 순방 중 가나의 의회 연설에서 "내가 태어났을 때만 해도 나의 모국 케냐는 한국보다 국민소득이 훨씬 높았는데 이제는 완전히 추월당하고 있다"면서 한국의 급속한 발전 원동력은 높은 교육열이라고 주장했다. 그는 2011년 새해 국정 연설에서도 미국 교육의 문제점을 지적하면서 국가 발전의 견인차로 모범을 보이고 있는 한국의 교사들을 '국가 설립자 nation builder'라고 극찬한 바 있다.

1950년 한국전쟁 당시에 우리나라는 개인소득이 100달러도 안 되는 최빈국이었지만 초등학교 취학률은 90%를 상회할 정도로 교육열이 높았다. 부존자원이라고는 사람밖에 없는 한국이 짧은 기간에 놀라운 경제성장을 이룩할 수 있었던 비밀 병기는 높은 교육 수준의 우수한 인적 자원이라고 하겠다.

내가 대학을 다니던 때만 해도 "수출만이 살 길이다"라면서 여성들의 머리카락마저 잘라 가발 수출을 하던 시절이라 졸업하자마자 나는 모두가 선호하던 대기업의 종합상사에 취업했다. 그러나 신입 사원 시절의 하루하루가 내 꿈을 펼치기에는 미흡한 것 같아 더 넓은 세상을 보기 위해 미국 유학길에 올랐고, 콩나물시루 같은 교실에서 2부제 수업을 하던 우리와는 너무도 판이한 선진 교육에 신선한 충격을 받기도 했다.

귀국 후에는 한동안 무역 회사에 근무하고 개인 사업을 하다가 마침내 교육 사업에 닻을 내렸다. 교육은 어느 국가나 중요하지만 특히 우리의 경우 모든 문제의 바탕은 교육에서 비롯되고 있으며, 국가 선진화를 위한 근본적인 혁신과 변화의 중심에 교육이 있다고 판단했기 때문이다. 즉, 교육 사업이야말로 내가 일생을 바쳐 도전해 볼 만한 가장 가치 있는 업業이라는 신념을 갖게 되었던 것이다.

대학에서 경영학을 공부하고 MBA를 거친 내가 전공과 무관한 교육 사업에 뛰어들게 된 것은 평소 이 분야에 남다른 관심이 있기도 했지만 1976년 이른바 '프로그램식 학습지'라는 이름으로 한국에 상륙해서 상당한 인기를 끌고 있던 일본의 K학습지와 운명적인 만남이 있었기 때문이다.

이 학습지를 자세히 들여다보니 내가 미국에서 직접 체험하고 생각해왔던 학습방법과는 거리가 멀었다. 무엇보다도 프로그램식 학습의 바탕이 되는 개개인의 능력 차이를 진단, 평가하는 과학적·체계적 시스템을 갖추지 않았다. 특히 현대 수학 교육의 목적인 사고력과 창의력 함양이라는 관점에서 보면 단순 연산 기능만 반복하게 하는 다소 미흡한 교재로 생각되었다.

당시만 해도 과외 열풍에 따른 과도한 사교육비 부담이 사회 문제로 대두되던 시기라 새롭게 선보인 학습지에 대한 학부모들의 관심도 커지기 시작했다. 그러나 일본 학습지에 대한 기대가 차츰 실망으로 바뀌면서 "진정한 프로그램식 학습지가 없다면 내가 직접 만들어야겠다"라는 일종의 오기와 사명감이 꿈틀거리기 시작했다. 직장생활을 할 때나 유학 시절에도 전혀 느끼지 못했던 감동과 흥분이 솟구치기 시작했다. 모든 창업자는 자신만의 새로운 아이디어를 처음 접하면서 "유레카!"를 외치는 경험을 한다고 하는데, 바로 이것이 내 일생 가슴을 뛰게 한 교육 사업의 단초가 되었던 것이다. 특히 가정 형편이 어려워 과외에서 소외되는 학생들에게 저렴한 가격으로 양질의 교육 혜택을 줄 수 있다는 생각이 들면서 교육 사업에 대한 사명감과 의지는 더욱 불타올랐다.

나는 기존에 벌여놓은 일들은 일단 직원들에게 맡기고 프로그램식 학습 및 진단평가시스템 연구에 몰두했다. 그러나 가장 큰 문제는 프로그램식 학습 관련 자료를 국내에서는 전혀 구할 수 없다는 것이었다.

하는 수 없이 나는 미국을 수차례 오가며 자료 수집에 나섰다. 프로그램식 교재들이 수록된 모든 도서 편람을 조사하여 출판사와 헌책방을 뒤지고 다녔으며 그래도 없을 경우에는 워싱턴의 국회도서관에 가서 관련 저작물과 논문을 찾아내기도 했다. 귀국 때마다 내 여행 가방은 프로그램식 학습 관련 서적과 브로슈어, 카탈로그, 복

사물 등으로 넘쳤다. 그 무거운 여행 가방이 학구열에 빠진 나에게는 보물 상자처럼 여겨졌다.

그토록 어렵게 수집한 자료는 평가시스템과 프로그램식 교재를 설계하는 데는 많은 도움이 되었으나, 막상 내가 구상했던 교육시스템과는 맞지 않았다. 학생 개개인의 능력을 진단평가시스템으로 평가한 뒤 그 수준에 맞는 개인별·능력별 학습교재를 제공함으로써 완전학습시스템을 만들어내겠다는 것이 나의 구상이었는데, 미국의 프로그램식 학습교재는 과목별 단행본 형태의 교재만 있을 뿐이었다.

결국 나는 교육전문가들도 감히 엄두를 내지 못하는 당시로서는 생소한 완전학습시스템 개발에 직접 나섰다. 나만의 독창적이고 과학적인 완전학습시스템과 프로그램식 교재를 개발해야겠다는 열정은 밤낮을 가리지 않았다. 하루빨리 아이들에게 희망의 선물을 내놓아야 한다는 의무감과 기대감 때문에 밤을 지새우다시피 해도 지칠 줄 몰랐다. 오랜 시간과 방대한 투자를 필요로 하는 연구 개발을 지속한다 해도 그 성공을 장담할 수 없는 불확실한 미래에 무모하고 과감하게 도전한 것이다.

밤낮없이 연구 개발에만 매달리다 보니 가족과 시간을 함께 보낸다거나 취미 생활을 즐기는 평범한 일상은 점차 내게서 멀어져갔다. 연구 개발비와 직원들의 급여를 충당하기 위해 살고 있던 집과 어렵게 분양받은 아파트까지 팔아야 했고 사채를 끌어다 쓰기도 했다. 이 같은 어려움 속에서도 '교육이야말로 세상에서 가장 가치 있는 일'이라는 굳은 신념과 '교육을 통한 보다 나은 삶의 실현A Better Life Through Better Education'에 대한 열정은 조금도 식지 않았다. 교육에 대한 높은 '가치'와 뜨거운 '열정'은 오히려 그 모든 고난의 과정을 행복으로 바꾸어주었다.

3년여에 걸친 각고의 노력 끝에 마침내 1981년, 나는 독창적이고 과학적인 평가시스템을 선보일 수 있었다. 인간은 본래 배우고자 하는 본성을 갖고 있기 때문에 스스로 학습할 수 있는 교육 환경만 주어지면 공부에 재미를 느끼고 집중하게 되며, 점차 자신감이 붙으면서 공부 습관이 형성된다. 개인차를 고려한 적절한 진단평가와 학습시스템으로 뒷받침해주면 누구나 즐겁게 스스로 공부하면서 학습목표에 도달할 수 있을 뿐만 아니라 내면의 무한한 잠재력을 발휘할 수 있다는 나의 신념이 가시화된 것이다.

원래 '교육'을 뜻하는 Education의 어원은 "끄집어내다"이다. 내면의 잠재력을 바깥으로 끄집어내어 길러주는 것이 교육인데, 우리 교육은 밖에서 안으로 집어넣는 주입식에만 치중하고 있다. 과거 20세기 산업사회와는 달리 오늘날 학교의 의무는 지식을 가르치는 것 못지않게 인간의 지적 탐구가 얼마나 경이롭고 흥미로운가를 깨닫게 함으로써 학생들 스스로 생각하는 힘을 길러주는 것이다.

이 땅의 아이들 개개인이 갖고 있는 재능의 씨앗을 마음껏 꽃피울 수 있는 올바른 교육 환경을 제공하는 것이 나의 창업 목표였다. 벤처기업의 성지인 미국 실리콘밸리에서도 일찌감치 "평준화교육 시대는 끝났다. 이제는 맞춤교육 시대다"라고 선언한 바 있다.

공자도 인재시교因材施敎라고 하여 사람의 성격이나 능력에 따라 가르침이 달라야 한다는 맞춤형 교육을 강조했다. 성격이 소극적인 제자 염유冉有에게는 "좋은 말을 들으면 곧바로 실천하라"고 재촉하는가 하면, 과격한 성격의 자로子路에게는 "부모형제와 상의해서 행동하라"고 신중론을 가르쳤다.

내 직계 13대 선조인 용담龍潭 박이장朴而章 할아버지의 스승이자 조선의 대표 선비였던 남명南冥 조식曺植 선생도 자신의 문하에서 배움을 마치고 떠나는 제자 정탁鄭琢에게 "뒤란에 있는 소 한 마리 타고 가게"라고 했다. 성격이 매우 급한 정탁이 말을 타면 큰 사고를 낼 것이라는 암시적 충고였다. 그는 평생 스승의 이 말을 가슴에 안고 공직 생활을 했으며 우보대신牛步大臣이라는 별명을 얻었다. 이순신도 "나를 추천한 사람은 서애 유성룡이고 내 목숨을 구해준 사람은 약포 정탁이다"라며 그를 높이 받들었다.

인간의 무한한 가능성에 대한 믿음을 바탕으로 만든 우리 토종 브랜드 '스스로학습법'은 내가 지난 40년간 심혈을 기울여 만든 교육 사업의 결정체이자 재능교육의 핵심 가치다. "세계 모든 아이들의 책상에 스스로 공부하는 학습지를 올려놓겠다"라는 꿈을 갖고 1977년 재능교육을 설립하면서 내가 하는 교육 사업이 누군가의 인생을 바꾸는 계기가 될 수 있다는 생각으로 '스스로학습시스템'과 '프로그램식 스스로학습 교재 개발'에 전념했다.

사실 오래전부터 스스로학습법을 책으로 정리해달라는 주변의 요청이 있었지만 계속 고사해왔다. 그런데 작년에 이세돌과 바둑 대결을 한 알파고를 보면서 이 책의 집필을 결심했다. 구글의 인공지능 알파고는 어떻게 최고의 바둑 고수가 되었는가? 수많은 프로 기사들의 기보에만 의존하는 것이 아니라 스스로 학습하는 '딥러닝' 노력 덕분이다. 최근 알파고를 100전 완승한 새로운 버전 '알파고 제로'는 기보 입력 없이 사흘간 혼자 가상 대국으로 스스로 성능을 개선한 신제품이다. 인공지능도 '스스로 학습'을 함으로써 인간의 능력을 뛰어넘은 것이다. 이제 스스로학습은 선택이 아니라 필수인 사회가 도래했다. 그래서 미래를 준비하는 데 더없이 중요한 스스로학습법을 더 많은 이들과 공유하고 싶어졌다.

우리가 흔히 접하는 서양 속담 중에 "하늘은 스스로 돕는 자를 돕는다"라는 말이 있다. 이것은 "Heaven helps those who help themselves"를 번역한 것이다. 그런데 정확한 번역은 "하늘은 자기 스스로 하는 자를 돕는다"이다. 스스로 학습하는 사람에게는 신의 축복이 있다는 말이다.

1981년 재능교육 최초의 교재인 〈재능수학〉이 출시되자마자 선풍적인 인기를 끌기 시작했고, '스스로 공부'하는 재능회원 출신들이 각종 경시대회에서 두각을 나타내기 시작했다. 세계 각국의 영재들이 참가하는 국제수학올림피아드IMO에서는 1988년 이후 거의 해마다 스스로학습의 세례를 받은 학생들이 만점을 받았다. 재능교육이 공식 후원한 지난 2000년의 제41차 대전 대회에서는 82개 참가국 중 한국이 4위를 기록했으며, 그 중심에 금상을 차지한 재능회원 2명이 있었다. 2017년 7월 브라질에서 열린 제58차 대회에서는 우리나라가 종합 1위를 기록했는데, 3년 연속 한국 대표로 참석한 K군의 어머니는 "6살 때부터 학습지를 통해 스스로 문제를 풀기 시작하면서 놀라운 속도로 성장했다"고 말했다.

이제는 100세 시대다. 그리고 세상은 무서운 속도로 변하고 있다. 2016년 다보스포럼 어젠다는 '4차 산업혁명'이었는데, 클라우스 슈바프Klaus Schwab 회장은 "인공지능, 로봇, 사물인터넷 등이 주도하는 미래 사회는 어떻게 변할지 예측 불가능하다"면서 "지금 초등학생이 10년 후 대학을 졸업할 때는 현재 직업의 60%가 없어질 것"이라고 내다보았다. 대학의 전공은 첫 직장용이라는 것이다. 실제로 미국의 다트머스대학이 최근 졸업한 지 7년 된 동문들을 조사해보니 40%가 졸업 당시에는 존재하지도 않던 직업에 종사하고 있는 것으로 나타났다. 인생이 긴 마라톤이라면 직장에서 당장 사용할 지식이나 기술보다는 스스로 창조하고 해결하는 사고력, 즉 기초 체력을 튼튼히 해야 한다.

평생교육 시대를 맞아 나는 성인을 위한 다양한 차세대 교육프로그램을 준비하고 있다. 누구든지 모바일을 통해 자신의 실력을 진단받고 자신의 능력에 맞는 맞춤학습의 혜택을 누리도록 하고 싶다. 다가오는 고령화 사회의 주역들도 편리하고 즐겁게 공부해서 변화하는 새로운 세상에 잘 적응해나감으로써 노인이 사회의 짐이 아니라 힘이 되는 세상을 만들고 싶다.

기계가 인간의 육체적 노동을 넘어 지적 노동知的勞動까지 대체하는 4차 산업혁명 시대의 인재는 암기식·주입식 교육으로는 길러낼 수 없다. 미래 사회는 스스로 학습할 줄 아는 사고력과 창의력을 지닌 인재를 요구한다. 창의력이 주목받는 미래 사회에서 스스로학습 능력은 더더욱 주목받게 된다. 시대가 달라져도 변함없이 요구되는 최고의 역량은 스스로학습 능력이다. 스스로 학습할 줄 아는 사람은 어떤 환경에서도 살아남는다. 창의적으로 답을 스스로 찾아낼 줄 알기 때문이다.

　지난 2014년에 출범한 미네르바스쿨은 미국의 아이비리그 못지 않게 많은 관심을 받고 있는 혁신대학이다. 벤처 투자를 받아 설립된 이 대학은 캠퍼스 없이 온라인으로 수업을 하지만 모든 학생들은 기숙사 생활을 해야 한다. 1학년은 샌프란시스코, 2학년은 독일이나 아르헨티나, 3학년은 한국이나 인도, 4학년은 영국과 이스라엘 등에서 지낸다. 입학 조건에 학교 성적이나 대학수능시험인 SAT 점수는 필요 없고, '그동안 어떻게 살아왔는지'에 관한 자전적 에세이를 제출하면 된다. 학교 측은 '자기주도적이고 호기심 많은' 학생들만 선발하는데, 합격률은 지원자의 2%가 안 될 정도로 경쟁률이 치열해지고 있다. 나는 이 혁신대학의 모델을 보면서 그동안 초지일관 추구해온 재능교육의 스스로학습이 미래의 희망으로 떠오르고 있다는 생각이 들었다.

　평생 한 번 받기도 힘든 퓰리처상을 세 번이나 받은《뉴욕타임스》의 칼럼니스트 토머스 프리드먼Thomas Friedman은 최근 출간한 『늦어서 고마워』라는 책에서 현기증 나도록 급변하는 세상에 살아남기 위해 잠시 생각할 시간을 갖고 새로운 기회를 잡는 길을 모색하기를 권한다. 개인이나 정부, 기업, 사회가 가속 시대에 걸맞은 새로운 일터와 윤리, 사회 공동체를 설계해야 하는데, 가장 중요한 일은 평생학습의 기회를 만드는 사회적 혁신이라고 강조하고 있다. 미래 사회가 필요로 하는 최고 인재는 스스로 평생교육을 추구하는 사람이기 때문이다.

최근 정부와 학계에서도 스스로학습의 중요성을 인정하고 자기주도학습을 강조하기에 이르렀다. 자기주도학습은 스스로학습과 같은 말이다. 2009년부터 대학에 입학사정관제가 본격 도입되면서 자기주도학습은 신입생 선발 기준에도 반영되었다. 여기에 인성과 창의성을 갖춘 인재를 키워내는 방향으로 우리 교육도 변하고 있다.

이제 학부모들의 관심은 '창의 융합형 인재'에 쏠리고 있다. '2015개정교육과정'의 목표는 '창의 융합형 인재 양성'이기 때문이다. 창의 융합형 인재는 어떻게 길러지는 것일까? 이에 대한 확실한 답은 바로 '스스로학습'을 통해서다.

나는 우리 재능선생님들에게 아이들을 가르치려고 하지 말고 코치 역할을 하라고 강조해오고 있다. 가르치는 것은 학교나 학원에서 다수의 학생들을 상대로 일방적 주입식 강의로 할 수 있지만 코칭은 개개인의 특기나 장단점, 성격, 그날의 분위기에 따라서 지도 방법이 달라져야 하기 때문이다. 내가 지도하는 학생이 사회라는 필드에 나가 최상의 선수로 뛰게 하려면 쌍방소통을 하는 드림코치가 되어야 한다.

싱가포르가 최근 새롭게 내건 교육개혁 슬로건은 'Teach Less,

Learn More'다. 암기 위주의 가르치는 양을 줄이고 학생 스스로 학습하는 기회를 늘리자는 것이다. 적게 가르치는 것이 오히려 많이 공부하고 많이 배우는 길인 셈이다.

재능교육은 초기의 어려움을 극복하면서부터 재능e아카데미, 재능인쇄, 재능유통, 재능교육연수원, 재능문화, 재능TV, 인천재능대학교, 재능중·고등학교, 재능유치원, 재능문화센터(JCC) 등으로 점차 외연을 넓힘으로써 종합적인 교육문화기업으로 발돋움했다. 이로써 재능교육이 지향하는 이념과 철학을 바탕으로 창의력과 감수성을 갖춘 전인적全人的 인재 육성을 향한 교육문화 활동을 폭넓게 전개할 수 있는 계기가 되었다.

그중 1991년부터 시작한 '전국 어린이와 어머니 시낭송대회'는 우리나라 대표적인 전국 시낭송대회로 발전하여 다양한 활동을 벌이고 있다. 시낭송이 아이들에게 감성과 소통, 창의력을 길러준다는 것을 일찌감치 터득했기 때문이다. 지난 2007년 한국현대시 100년과 한국시인협회 창립 50주년 기념 자리에서 나는 우리나라 시 보급에 기여한 공로로 명예시인으로 추대되었다.

2016년에는 인성교육진흥법이 시행됨으로써 한국은 청소년의 인성 교육을 학교에서 의무적으로 가르치도록 법으로 규제하는 세계 유일의 나라가 되었다.

나는 이 책을 통해 공부하는 방법을 조금 바꾸기만 하면 공부는 결코 어려운 것이 아니며, 오히려 재미있다는 것을 알리고 싶다. 공부 때문에 매일 자녀들과 전쟁을 치르지 않고도 부모와 자녀가 함께 행복해질 수 있는 방법을 나누고자 한다. 재능교육이 추구해온 스스로학습법에 그 해답이 있기 때문이다.

이 책에는 내가 스스로학습법을 최초로 개발하고 발전시켜온 지난 40년의 힘겨운 역정이 고스란히 담겨 있다. 스스로학습법의 발전 과정과 성과들을 읽으면서 그동안 아이들과 교육을 위해 바쳐온 재능교육의 진심을 조금 더 가까이 느낄 수 있기를 바란다.

이 땅의 아이들이 스스로의 힘을 믿고 공부하면 희망이 있다. 스스로학습이 희망이다. 스스로 공부할 때 아이들은 건강하고 행복하게 자란다. 지난 40년 동안 우리 재능 임직원들은 이 창업 이념을 하루도 잊은 적이 없다.

이 책이 나오기까지 재능교육의 임직원과 선생님 그리고 학부모님들의 협조와 격려가 큰 힘이 되었다. 책이 나오도록 도와준 21세기북스의 김영곤 사장님과 수고하신 편집진에게 감사의 마음을 전한다. 이 책이 스스로학습에 관심 있는 분들에게 조금이라도 도움이 된다면 이보다 더 큰 기쁨은 없을 것이다.

2017년 12월
서울 혜화동에서
신양信養 박성훈

◎

공부는 원래 즐거운 것이다. 새로운 것을 알고 싶어 하는 것은 인간의 본성이기 때문이다. 그러나 지금의 교육은 아이들에게서 공부의 즐거움을 빼앗고 있다. '스스로'가 빠져 있으니 즐거움이 없다. 아이가 '좋아서, 쉬워서, 스스로' 공부할 수 있는 환경을 만들어줘야 한다. 그러기 위해서는 개인별·능력별 학습의 부재, 부모에 의해 억지로 하는 공부, 단순 암기식 문제풀이에서 탈피해야 한다.

1장

공부란 무엇인가?

01___

4차 산업혁명 시대,
스스로의 힘이 빛나다

인공지능, 4차 산업혁명의 전령사

알파고와 이세돌의 역사적인 바둑 대결.
2016년 3월 6일, 전 세계의 이목이 집중되었다. 바둑 천재 이세돌이
5전 전승을 하리라는 예상도 있었다. 하지만 첫 대국부터 알파고가
이겼다. 혹시나 하고 기대했으나 이세돌이 연속 내리 세 판을 지고
말았다. 이세돌의 승리는 네 번째 대결뿐이었고, 4 대 1로 알파고의
완승이었다. 우리의 의식 속에 인공지능AI: Artificial Intelligence의 존
재가 확고하게 자리 잡는 순간이었다.

알파고의 승리는 우리 국민에게 엄청난 충격으로 다가왔다. 하지
만 큰 행운이기도 했다. 그동안 전문가들이 "4차 산업혁명의 물결이
밀려오고 있다"고 계속해서 강조했으나 일반 국민들은 전혀 실감하
지 못하고 있었다. 그러나 알파고는 4차 산업혁명을 알리는 전령사

가 되어 그 실체를 확실하게 보여주었다. 이만한 시청각교육이 어디 있겠는가? 알파고와 이세돌의 바둑 대결이 우리나라에서 최초로 열렸다는 것은 우리 국민에게 행운이며 축복이었다.

세상은 빠른 속도로 변화하고 있다. 미래학자 토마스 프레이 Thomas Frey는 "2030년까지 지구상에서 20억 개의 일자리가 사라질 것"으로 예측했다. 지금 각광받는 직업들 중 많은 수는 머지않아 거짓말처럼 없어진다는 뜻이다. 대신 새롭게 탄생되는 혁신적인 기술들이 차세대의 새로운 일거리를 창조해낼 것이다. 스위스 다보스포럼은 "2016년 초등학교에 입학한 7세 어린이의 65%는 지금 존재하지 않는 직업에서 일하게 될 전망"이라고 발표했다.

클라우스 슈바프 다보스포럼 회장은 『제4차 산업혁명』에서 "향후 10년에서 20년 사이에 미국 내 모든 직업의 약 47%가 자동화 기기로 대체될 것이다. 이는 과거의 산업혁명에 비해 훨씬 넓은 범위에서 일자리 붕괴 현상이 일어나고 더욱 빠른 속도로 노동시장이 변화하고 있음을 의미한다"고 주장했다.

미국의 9·11테러도 예언하여 '미래의 족집게'라는 별명을 가진 엘빈 토플러Alvin Toffler는 "한국 학생들은 미래에는 필요치 않은 지식과 존재하지 않을 직업을 위해 학교나 학원에서 하루 10시간 이상을 허비하고 있다"고 충격적인 경고를 한 바 있다.

4차 산업혁명 시대는 기술의 진보가 더욱 빨라질 뿐 아니라 서로 다른 기술, 서로 다른 학문이 융합하여 전혀 새로운 분야를 탄생시킬 것이다. 이러한 시대에 생존하기 위해서는 변화에 빠르게 적응하면서 새로운 지식을 구축해나가야 한다. 따라서 스스로 학습하는 능력이 무엇보다 중요해질 것이다.

교육 패러다임이 바뀐다

그렇다면 현재 우리 교육은 시대의 흐름에 얼마나 부합하고 있을까? 이제 학교는 지식을 전달하는 역할에 머물러서는 안 된다. 학교가 지식 도매상을 독점하던 시대는 끝난 지 오래다. 모든 지식은 인터넷과 모바일을 통해 쉽게 접근할 수 있다. 세상에 널려 있는 지식과 정보를 스스로 취사선택하여 학습하고 활용할 수 있는 능력이 점점 더 중요해지고 있다. 미래는 학벌이나 학력보다 판단력과 추진력, 상상력을 가진 사람이 리더가 되는 세상이 될 것이다. 이 역시 스스로 노력하는 사람의 몫이다.

학교의 개념도 달라진다. 학교는 학습을 위한 근성이나 끈기, 학습할 수 있는 능력과 소양을 육성해주는 장소에 불과할 것이다. 이제 공부는 개인이 스스로 해야 한다. 교사가 일방적으로 설명하고 학생은 듣기만 하는 전통적인 집단 강의 방식은 머지않아 사라질 것이다.

이미 변화는 시작되었다. 미국의 고등학교 교사 존 버그만Jon Bergmann과 애론 샘즈Aaron Sams는 기존의 수업 방식을 뒤집은 '거꾸로 교실' 수업을 고안해냈다. 『거꾸로 교실』에 이론과 다양한 체험 사례를 소개하여 미국 교육계에 신선한 바람을 일으켰고, 우리나라도 카이스트KAIST를 비롯해 전국 250여 개 학교에서 거꾸로 교실이 시범적으로 진행되고 있다.

이는 교사가 만들어준 동영상을 집에서 미리 공부해 온 학생들이 수업 시간에는 이에 관한 의견을 나누고 취합하여 스스로 지식을 체득해나가는 수업 방식이다. 학생들은 주어지는 것만 받아들여야 했던 수동적인 위치에서 벗어나, 활기차게 토론하고 질문하며 능동적으로 지식을 쌓는다. 스스로 지식을 쌓는 거꾸로 교실은 미래 사회에 필요한 창의적 인재를 기르는 데 적합한 교육 방식으로 각광받고 있다. 이처럼 앞으로의 교육에 있어 가장 중요한 것은 지식 자체가 아니라 지식을 습득하고 활용할 수 있는 능력이다. 그것은 내가 지난 40년 동안 추구해온 '스스로학습법'의 핵심이기도 하다.

주입식 교육이 가져온 씁쓸한 결과

"우리나라 사람들은 대학 입시까지는 세계에서 제일 열심히 공부하는데, 대학만 가면 공부에서 멀어지고 실력도 떨어진다."

우리끼리 자조적으로 공감하던 이야기가 실제 데이터로 검증되고 있다. OECD는 회원국의 만 15세(고교 1학년)를 대상으로 3년마다

'국제학업성취도평가PISA'를 실시한다. 수학, 과학, 언어를 비롯하여 13종류의 문제 해결력을 측정하는데, 2006년 이후 세 차례 실시된 시험에서 우리나라는 최상위 수준을 유지했다. 2015년에 실시된 평가에서는 2012년보다 전반적으로 하락했지만 모든 영역이 상위권에 들었다.

OECD에서는 전체 성인을 대상으로 하는 테스트도 실시한다. 만 15세부터 65세까지를 대상으로 수리력, 언어능력, 컴퓨터 기반 문제 해결력을 평가하는 '국제성인역량조사PIAAC'다. 그런데 이 결과가 충격적이다. 우리나라는 고등학생 나이인 15~19세까지는 상위권을 유지하지만 20세 이후부터 급격히 순위가 떨어져 20~29세에는 10위권 안팎에 머문다. 이후로 점점 더 떨어져 35~44세에는 OECD 평균보다도 낮고, 급기야 55세 이상에서는 조사 대상 21개국 중 20위를 기록한다. 10대에 세계 최상위권이던 학습역량이 50대가 되면 최하위권으로 추락하는 것이다. 이것은 사회적 역량의 하락을 의미한다. 도대체 어떻게 이와 같은 결과가 나오게 된 것일까?

전문가들은 대학 교육의 질이 하락하고 있고, 성인들이 과도한 업무량에 쫓겨서 공부할 수 없는 환경인 것을 이유로 꼽고 있다. 그러나 가장 큰 이유는 초·중·고등학교의 주입식 교육이라고 입을 모은다. 암기 위주의 주입식 교육이 스스로 학습하는 힘을 떨어뜨려 나이가 들수록 학습 의지도, 능력도 사라지게 하고 있다.

스스로학습이 빛나는 시대

이미 우리 곁에 와 있는 인공지능의 시대에 인간이 이들과 대결하여 끝까지 살아남을 수 있는 재능은 무엇일까? 바로 사고력과 창의력이다. 창의력이란 유연한 사고를 바탕으로 발휘될 수 있는 것이므로 결국 생각하는 힘, 즉 사고력은 인간이 지녀야 할 가장 큰 힘이다. 미래 인재는 사고력과 창의력에서 우열이 구분된다. 그 사고력과 창의력을 통해 어떤 상황에서도 스스로 답을 찾아나갈 수 있는 사람이 미래 사회가 필요로 하는 인재이기 때문이다.

우리나라도 미래형 인재 육성을 위해 변화하고 있다. 2017년부터 적용되기 시작한 '2015 개정교육과정'에서는 인문학적 상상력과 과학기술 창조력을 갖춘 창의 융합형 인재 육성을 목표로 삼고 있다. 이를 위해 자기관리 역량, 지식정보처리 역량, 창의적 사고 역량, 심리적 감성 역량, 의사소통 역량, 공동체 역량 등 6대 역량을 길러줄 수 있는 교육과정을 운영한다.

변화무쌍한 세상의 흐름에 맞춰 평생 배우고 익히는 능력, 즉 스스로 학습할 수 있는 능력이 무엇보다 중요해지고 있다. 스스로 학습할 수 있는 능력을 키워주는 스스로학습법을 배우면 '2015 개정교육과정'이 강조하고 있는 6대 역량도 자연스럽게 성장한다. 스스로 학습하는 습관을 기르면 자기관리 능력도 함께 성장한다. 암기식 교육에서 탈피해 스스로 답을 찾아가는 능력을 키운 사람은 지식정보처리 역량에서도 앞서게 마련이며 창의적 사고에도 능하다.

　스스로학습법을 배우는 것은 문제 해결 능력을 키우고 살아가는 지혜를 배우는 일이다. 인생을 살아가는 것은 수많은 일을 결정하고 끝없이 과제를 풀어내는 과정의 연속이다. 때로는 피하고 싶을 만큼 고통스러운 순간도 있겠지만 어떻게든 돌파해야 한다.

　성공이란 순간순간의 결정들이 쌓여서 이루어진다. '해낼 수 있다, 한번 해보자'는 마음과 '나는 못해'라며 도망가는 마음의 차이, 그 차이가 인생을 전혀 다른 모습으로 만든다. 해내겠다는 근성과 해낼 수 있는 능력을 길러주는 것이 바로 스스로학습법이다. 4차 산업혁명 시대, 스스로의 힘이 더욱 빛나는 세상을 맞이한 것이다.

02___

아이들은 왜 공부를
힘들어할까?

공부는 원래 즐거운 것

"제발 공부 좀 해라."

아이들이 가장 듣기 싫어하는 소리다. 하지만 부모들은 틈만 나면 해주고 싶은 말이기도 하다. 공부를 멀리하는 자녀를 보면 화도 나고 안타깝고 불안한 마음마저 들기 때문이다. 그러면 아이들이 처음부터 공부를 싫어했을까? 아니다. 사실 아이들은 공부를 좋아했던 경험을 가지고 있다.

아이들은 원래 모두 '공부의 천재'라고 할 수 있다. 아이가 태어나서 옹알이를 하다가 "엄마" "아빠"라는 말을 처음 하던 순간을 떠올려보자. 아이들은 단어 하나를 알기 위해 수없이 반복하면서 말을 배운다. 또한 귀찮을 만큼 온종일 질문을 하며 세상을 배우고 언어가 가진 의미를 익혀간다. 한글을 처음 깨우치게 된 아이들은 차창

밖으로 보이는 간판의 글자를 읽으려 든다. 아이들이 말을 배우고 글이나 숫자를 처음 깨우칠 때 얼마나 즐거워했는지 그 모습을 생생하게 기억할 것이다.

그런 아이들이 학교에 가면서 공부를 싫어하기 시작한다. "공부하라"는 부모의 말이 쌓이면 쌓일수록 청개구리처럼 공부는 점점 멀어진다. 공부를 억지로 하기 때문이다. 부모의 강요에 못 이겨 공부를 하면 점점 공부에 흥미를 잃을 수밖에 없다. 그 공부가 단순 암기식 공부라면 더더욱 그렇다.

불행한 아이들, 세계 최하위의 행복지수

그래서 우리 아이들이 불행하다는 말이 나온다. 해마다 발표되는 OECD '어린이, 청소년 행복지수'를 보면 늘 한숨이 나온다. '주관적 행복지수'에서 전체 34개 국가 중 언제나 꼴찌를 차지하는 나라가 바로 한국이다. '물질적 행복지수'나 '교육지수'는 OECD 평균보다 한참 높은데도 아이들이 느끼는 주관적 행복감은 최하위다.

자식에게 헌신적으로 뒷바라지를 한 부모일수록 자식이 투정할 때 "뭐가 부족해서 불만이냐?"라는 말을 하는 경우가 많다.

그렇다면 아이들은 어떻게 생각할까? "어느 때 행복하지 않다고 느끼는가?"라는 질문에 대다수 초·중·고 학생들은 '성적 압박이 심할 때' '학습 부담이 너무 클 때'라고 답했다. 역시 공부가 문제였다. 그럼 아이들이 "행복을 느낄 때는 언제일까?" 이 질문에 가장 많은 대답은 '좋아하는 일을 실컷 할 수 있을 때'였다.

이런 답변들을 종합해보면 우리 아이들이 불행하지 않고 오히려 행복해지는 방법도 저절로 나온다. '성적과 학습에 대한 부담 없이 좋아하는 일을 실컷 할 수 있는 것'이 정답이다. 이 대목에서 나는 또 한번 안타까운 마음이 든다. 내가 교육 사업을 하면서 일평생 추구해온 일이 '아이들이 부담 없이 좋아하는 일을 실컷 할 수 있고, 또한 그 좋아하는 일 중 하나가 공부가 되게 하는 것'이기 때문이다.

공부란 원래 즐거운 것이다. 새로운 것을 알고 싶어 하는 것은 인간의 본성이기도 하다. 그러나 지금의 교육은 아이들에게서 공부의 즐거움을 빼앗고 있다. '스스로'가 빠져 있기에 즐거움도 사라졌다. 스스로 즐거움을 느낄 여유도 없이 스스로 알고 싶어 할 준비도 되기 전에 앞으로만 달려가야 하는 현실이 문제다.

03___

아이들을 공부에서
멀어지게 하는 3가지

개인별 · 능력별 학습의 부재

현재 우리 교육의 가장 큰 문제는 아이들이 즐겁게 공부할 수 없도록 만든다는 것이다. 여기에는 3가지 큰 원인이 있다. 첫째, 개인별·능력별 학습이 이루어지지 않는다. 한 학급에 30명 가까운 학생이 함께 공부해야 하는 교육 환경에서 개개인의 수준과 능력에 맞는 맞춤형 학습은 불가능하다. 학교 수업은 같은 학년이라는 이유만으로 누구나 똑같은 교재와 진도로 한 선생님에게 배운다. 하지만 학년이나 나이가 같아도 아이들의 능력과 수준은 각기 다르기 마련이라 잘하는 아이도 못하는 아이도 공부가 재미없고 지루할 수밖에 없다. 공부에 대한 의욕이나 성취감을 느끼기도 어렵다.

같은 교실에 앉아서 수업을 듣고 있어도 어떤 아이는 이해하고 어떤 아이는 이해하지 못한다. 6학년 반에 앉아 있어도 어떤 아이는 특정 내용에 대해서는 4학년 수준밖에 모를 수 있다. 심한 경우, 잘하는 아이 몇 명 빼고는 알아듣지도 못하는 대다수의 아이들을 상대로 헛되게 수업시간을 흘려 보내기도 한다.

교사들은 교육부에서 만든 학년별 프로그램에 따라 '잘하는 아이들'을 기준으로 가르치고 있으니 결과적으로 상위 그룹만을 대상으로 수업을 하고 있는 셈이다. 초·중·고등학교 교사를 만나보면 "교사 생활이 너무 힘들어요. 예전과 달라요"라는 고백을 듣게 된다. 이런 상황을 학부모들이 얼마나 알고 있을까?

한번 진도를 놓치면 그것을 따라잡는 데 시간이 필요하고, 학년이 올라갈수록 더 많은 시간이 든다. 가령 초등학교 3학년이 1학년 내용을 보충하려고 들면 금방 따라갈 수 있겠지만 6학년이 4학년 내용을 보충하려면 더 많은 시간과 노력이 필요하다. 부족한 결손 부분을 채우지 못하고 계속 앞으로만 나갈 경우, 격차는 더 커진다. 특히 수학의 경우 고학년으로 올라갈수록 '수포자', 즉 수학을 포기한 사람이 나올 수밖에 없는 구조다.

부모에 의해 억지로 하는 공부

둘째, 부모에 의해 억지로 과외 공부를 한다. 요즘 대부분의 아이들은 방과 후 2~3개의 학원은 필수다. "남들 다 보내니 안 보낼 수가 없어요." 아마 많은 부모들이 이렇게 말할 것이다. 그 마음도 이해 못하는 것은 아니지만 우리 사회가 유달리 남과 비교하는 일에 민감한 건 아닌가 싶다.

중학교 1학년이 수학 미적분을 공부하고 초등학생이 TEPS 영어 공부를 하는 경우도 있다. 진정 내 아이에게 필요한 것이 무엇인가를 생각하기보다는 "옆집 아이가 하니까" "우리 아이만 뒤처질까봐" 무조건 가르치고 강요하는 경우가 적지 않다. 부모들의 이러한 염려가 아이들에게 큰 상처를 입히고 있다. 강제적이고 억압적인 분위기에서 억지로 하다 보니 공부의 능률이 오르지 않고 집중력도 발휘하지 못하게 된다. 결국 스스로 학습할 수 있는 능력과 흥미를 잃게 된다.

학교보다는 낫지만 아이들을 모아놓고 가르치는 학원도 크게 다르지 않아서 각각의 아이가 지닌 개별성을 충분히 만족시키지는 못한다. 인간은 모두가 독립적이고 개별적인 존재다. 한 공간에서 같은 이야기를 들어도 그것을 받아들이는 것은 제각각 다르다. 내 아이의 사정이야 어떻든 일단 소문난 학원에 보내려고 하는 것은 어쩌면 부모의 자기위안이 아닐까? '우리 아이도 저 학원에 다녀' '학원 보냈으니 그래도 잘하겠지' 하면서 스스로 위로하고 있는지도 모른다.

고대 그리스의 철학자 플라톤은 『국가론』에서 "강요로 얻은 지식은 마음에 남지 않는다. 어릴 때의 학습은 오락처럼 이루어져야 한다. 그래야 아이의 타고난 소질을 더 잘 발견할 수 있을 것이다"라고 말했다. 다시 한 번 새겨보았으면 하는 경구다.

단순암기식 문제풀이

셋째, 단순암기식 문제풀이 공부에 매몰되어 있다. 수학의 경우, 사고력을 키워줘야 하는 수학 학습지 중에서도 단순 연산 위주로 구성된 것들이 많다. 단순 연산 위주의 교재를 학습할수록 아이의 사고력은 저하되고 단순해진다. 기계적인 문제풀이 습관은 아이들이 문제를 해결하기 위해 스스로 고민하며 창조적인 사고를 하는 과정을 배제시켜버린다. 창의력에서 멀어지고 새로운 지식에 대한 호기심도 잃어버린다.

수학도 게임처럼 즐길 수 있어야 된다. 그러려면 문제를 해결하는 과정에서 호기심을 잃지 않도록 해야 한다. 개념과 원리를 모른 채 문제풀이만 강요하는 것은 아이에게 수학의 즐거움을 빼앗는 일이다. '왜 그렇게 되는지' 원리를 모르고 공식만 달달 외우면 수학에 매료될 수가 없다. 수학은 잘 못한다는 생각이 들면서 자신감이 사라지면 수학이라는 과목 자체가 싫어질 수밖에 없다. 수학에 대한 공포를 극복하기 위해서는 쉬운 수학 개념과 원리부터 차근차근 이해하도록 도와주어야 한다.

세계적 베스트셀러 『사피엔스』의 저자이자 창의성과 독창성을 기리는 폴론스키상을 2번이나 수상한 유발 하라리Yuval Noah Harari 히브리대 교수는 "지금 학교에서 가르치는 것은 한 세대 후면 아무 소용이 없다"면서 학교에서 가르쳐야 할 것 2가지를 제시했다. 아무리 세상이 변하고 디테일이 바뀌어도 절대 바뀌지 않는 기본 원리를 가르쳐야 하고, 평생학습 시대이므로 누구나 스스로 공부하는 방법을 터득하도록 학교에서 가르쳐야 한다는 것이다. 평생공부 시대이므로 앞으로 '최종 학력'이라는 말은 아무 의미가 없어진다는 것이다.

　위의 3가지 문제점들을 극복할 때 비로소 아이들은 즐거운 마음으로 공부에 매진할 수 있다. 개인별·능력별 학습의 부재, 부모에 의해 억지로 하는 공부, 단순암기식 문제풀이에서 탈피하여 아이가 '좋아서, 쉬워서, 스스로' 공부할 수 있는 환경을 만들어주는 것이 무엇보다 중요하다. 이러한 문제에 답을 제시하기 위해 스스로학습법이 탄생했다.

04___

처음부터 공부 못하는
아이는 없다

공부 못하는 아이와 안 하는 아이

공부를 못하는 것일까, 안 하는 것일까? 공부를 잘하면 아이도, 부모도 행복해진다. 하지만 공부를 못하면 아이도, 부모도 힘들어진다. 도대체 공부가 무엇이기에 우리나라 학부모들은 공부에 그토록 목을 매는 것일까? 아이의 모든 평가가 공부에 의해서 결정되는 사회 분위기 탓이다. 그래서 고3 수험생과 엄마는 특별대우를 받는다. 공부 앞에만 서면 모두 작아지고 만다. 그만큼 공부는 오르기 힘든 높은 산이다. 대부분의 학부모가 '입시병'으로 신음하고 있다고 해도 과언이 아니다.

공부 잘하는 아이와 못하는 아이는 명확히 구분된다. 공부 잘하는 아이는 공부 습관이 몸에 배어 있기 때문에 걱정할 필요가 없다. 다만 초등학교 때 공부를 잘하던 아이가 중학교나 고등학교에 가면서 공부 못하는 아이로 전락하는 경우도 있다. 어려서 공부를 잘했더라도 스스로 학습하는 습관이 배지 않으면 학년이 올라가면서 공부를 포기하는 학생도 있으니 긴장의 끈을 놓지 말아야 한다.

반면에 공부 못하는 아이에 대해서는 냉철하게 생각해볼 필요가 있다. "우리 아이가 공부를 못해요"라며 고민하는 부모에게 나는 자신 있게 대답할 수 있다. "공부 못하는 아이는 없어요. 다만 공부를 안 할 뿐이죠." 그렇다. 공부를 못하는 것과 안 하는 것은 엄연한 차이가 있다. 우리가 별생각 없이 공부를 못한다고 단정 짓는 말 속에 엄청난 의미가 녹아 있는 것이다.

공부를 못하는 아이로 단정 지어지면 공부를 잘할 가능성은 사라져버린다. 공부 못하는 것이 마치 운명처럼 들리는 까닭이다. 그러나 공부를 안 하는 아이로 생각하면 희망이 보인다. 공부를 안 했으니 하면 되지 않겠는가. "이 세상에 공부 못하는 사람은 없다. 다만 공부를 안 하는 사람이 있을 뿐이다." 나는 이 말을 학생과 부모들에게 꼭 들려주고 싶다. 우리 아이가 공부를 안 한다고 생각하면 공부 문제의 해법이 쉽게 보인다.

아이를 바라보는 관점을 바꿔라

공부는 계단을 오르는 것과 같다. 특히 수학 공부는 더욱 그러하다. 공부를 안 하면 계단을 오를 수가 없다. 두 계단 세 계단을 한꺼번에 건너뛰어야 하니 얼마나 힘이 들겠는가. 그래서 부모는 자녀의 현재 실력을 정확히 알아야 한다. 그리스의 철학자 소크라테스가 "너 자신을 알라"고 했는데 이 말을 그대로 부모에게 적용할 수 있다. 부모는 아이의 공부를 진단하고 처방하는 의사라고 할 수 있다. 의사가 진단을 잘못하면 병을 고칠 수 없다. 명의는 진단을 정확하게 하고 가장 적합한 처방을 하는 의사다.

20세기의 위대한 경영자였던 잭 웰치 GE 전 회장은 어렸을 때 심한 말더듬이었다고 한다. 어린이가 말을 더듬으면 친구들이 놀려서 수치감에 빠지고 수치감 때문에 말을 더 많이 더듬게 된다. 말더듬이였던 그가 어떻게 단점을 극복하고 훌륭한 인물이 되었을까? 아이를 바라보는 어머니의 남다른 시각 덕분이었다. "네가 말을 더듬는 것은 매우 똑똑하기 때문이야. 머릿속에서 번득이는 생각을 말하는 속도가 따라가지 못하기 때문에 말을 더듬는 것이란다. 어느 누구의 혀도 네 똑똑한 머리를 따라갈 수 없을걸. 계속해서 연습하면 네가 생각하는 만큼 멋지게 말할 수 있어." 엄마는 아들의 수치심을 자부심으로 바꿔주었다. 엄마의 말대로 말더듬이를 극복한 잭 웰치는 헨리 포드Henry Ford와 함께 20세기를 대표하는 경영자가 되었다.

공부 안 하는 아이의 특성은 무엇인가? 공부에 시간을 투자하지 않고 다른 곳에 시간을 소비한다. 공부 대신에 다른 곳에 관심이 많은 멀티 플레이어인 셈이다. 공부 안 하는 아이를 이렇게 바라보면 어떨까? "네가 다른 일들에 관심이 많다 보니 공부할 시간이 없었구나. 이제 다른 일들은 내려놓고 공부를 해보면 어떻겠니? 공부는 계단을 오르는 것과 같단다. 그동안 계단을 몇 개씩 건너뛰느라 무척 힘들었지? 이제 너에게 맞는 계단부터 시작해보자꾸나."

소아청소년 심리상담센터의 박민근 원장은 『공부 못하는 아이는 없다』에서 "공부 좋아하는 아이와 싫어하는 아이가 따로 있는 것이 아니다. 교육 실패의 주원인은 부모나 교사가 아이가 좋아하지도, 원하지도 않는 방식으로 교육 내용을 전달하는 데 있다"고 진단한다. 공부 못하는 아이의 주된 원인은 무엇인가? 우리 사회가 아이들에게 공부를 너무 강요하고, 그것이 아이들에게 저마다 마음의 큰 상처가 되어 일상생활이나 학업을 제대로 해내지 못하게 만든다는 것이다.

내 아이를 정말 사랑하는가?

처음부터 공부 못하는 아이는 없다. 공부로 상처 받은 아이들이 공부를 안 할 뿐이다. 아이의 실력을 정확히 진단하고 다시 시작하면 된다. 이때 부모의 시각이 중요하다. 만약 내 아이가 초등학교 6학년인데 수학 실력이 4학년 수준밖에 안 된다면 어떻게 하겠는가? 부모는 다음 둘 중 하나를 선택해야 한다.

"옆집 아이는 6학년 수학을 하는데 창피하게 4학년 수학을 할 수 없으니 계속해서 6학년 수학을 해야 해."

"그래, 6학년 수학 실력이 안 된다면 4학년 수학부터 시작하면 되지. 두 계단 늦게 시작해도 곧 따라갈 수 있을 거야."

안타깝게도 많은 부모들이 전자를 선택한다. 자식보다 옆집 아이를 생각하며 결정을 내리는 것이다. 그렇다면 "나는 내 아이를 정말 사랑하는가?"라는 질문을 진지하게 던져보자. 아이를 진정으로 사랑하는 것은 아이가 행복한 선택을 하도록 도와주는 것이다. 벅찬 진도를 억지로 따라가야 하는 아이는 학교 공부 시간이 즐거울 수 없다. 지옥일 따름이다.

05___

공부는 앉아 있는
습관이다

삶을 주도하는 사람이 성공한다

"공부 잘하는 비결이 무엇일까요?"

학부모들의 귀를 쫑긋하게 만드는 질문이다. 비결은 간단하다. "앉아 있는 습관을 길러주는 것입니다." 이 간단한 비결을 절실히 깨닫고 실천하면 공부 문제는 해결된다. 하지만 습관을 기른다는 것이 말처럼 쉬운 일은 아니다.

미국의 경영컨설턴트인 스티븐 코비Stephen Covey 박사는 "성공한 사람들은 성공할 수밖에 없는 좋은 습관 7가지를 가지고 있다"고 밝혔다. 습관이 운명을 좌우한다는 뜻이다. 그중 제1습관이 "자신의 삶을 주도하라"다. 스스로 선택하고 결정하고 책임도 지는 주도적인 사람은 스스로 학습하는 사람이다. 스티븐 코비도 가장 중요한 습관으로 스스로 학습을 강조하고 있는 셈이다.

공부의 좋은 습관은 앉아 있는 습관이다. 그런데 어린아이에게 앉아 있는 게 얼마나 힘든 일인지 알아야 한다. 3~4세 아이가 5분 동안 앉아서 공부하는 것은 쉬운 일이 아니다. 아이들은 기본적으로 앉아 있기가 힘들다. 끊임없이 움직이려 하기 때문이다. 그러니 5분간 앉아서 공부하는 것이 아이에게는 기적인 셈이다.

그러면 아이는 어떻게 앉아 있는 습관을 기를까? 바로 선생님과 엄마의 사랑과 칭찬이다. 모든 아이는 새로운 것을 알아가는 공부의 기쁨을 알고 있다. 문제는 이 습관이 몸에 배도록 하는 것이다. 앉아 있기 습관은 5분으로 시작해서 아이가 잘하면 칭찬과 격려를 해주어 점차 10분, 15분, 20분까지 가도록 한다. 어렸을 때 이렇게 공부하는 습관을 몸에 익히면 스스로 공부하는 아이가 된다.

습관의 고리,
신호와 반복행동과 보상의 3단계

아이에게 공부하는 습관을 갖게 하려면 먼저 습관의 속성을 이해할 필요가 있다. 《뉴욕타임스》 기자인 찰스 두히그Charles Duhigg의 저서 『습관의 힘』이 좋은 자료가 된다. 저자는 습관이란 변화하면 좋고 변화하지 않아도 상관없는 것이 아니라 "성공과 실패, 삶과 죽음의 열쇠를 쥐고 있는 요소"라고 강조한다. 습관이 어떻게 작동하는지 습관의 원리를 깨닫고 실천하면 습관을 지배할 수 있고, 습관을 지배해야 원하는 것을 쉽게 얻을 수 있다는 것이다. 좋은 습관을 갖는 비결은 습관의 원리인 '습관의 고리'를 이해하는 데 있다. 습관의 고리는 신호→ 반복행동→ 보상의 3단계로 이루어진다.

1단계 신호는 자동 모드로 들어가 어떤 습관을 사용하라고 뇌에 명령하는 자극이다. 일종의 방아쇠라고 할 수 있다. 2단계 반복행동은 어떤 행동이 반복되어 몸에 배는 것이다. 처음에는 힘들지만 계속해서 반복하다 보면 익숙해져 자신도 모르게 하는 행동을 말한다. 3단계는 보상이다. 습관은 보상이 있기 때문에 형성된다. 아이가 앉아 있는 모습을 보고 선생님과 엄마가 "우리 아이 대단하네. 5분 동안 공부를 할 수 있다니!"라고 칭찬하는 것이 일종의 보상이 된다.

습관은 이처럼 3단계가 일치할 때 형성된다. 대부분 1단계와 3단계인 신호와 보상에 대해서는 잘 알고 있다. 습관 변화에 실패하는 것은 2단계인 반복행동이 뒷받침되지 않기 때문이다. 반복행동이 습관으로 굳어지려면 3주 정도 걸린다고 한다. 처음에는 의식적으로 행동하지만 나중에는 무의식적으로 움직이는 게 바로 습관이다. 스스로학습이 습관화되어 공부에 성공한 사례들이 재능교육에는 축적되어 있어서 초창기부터 지금까지 감동적인 사례들이 넘쳐난다.

재능교육으로 스스로 공부습관 길러

'공부 잘하고, 대인관계 좋고, 부모님 말씀 잘 듣는 자녀.' 모든 학부모들의 로망이다. 자녀들이 공부를 알아서 척척 하고 대인관계마저 잘한다면 얼마나 좋을까? 이런 자녀를 두었다면 부모는 신바람이 날 것이다. 재능교육에서 발행하는 교육잡지 《맘대로 키워라》에 소개된 박진광 씨는 재능교육 회원 출신으로 서울대 외교학과에 진학해 외무고시에 합격한 인재다.

그는 공부만 잘하는 게 아니라 성격도 좋고 예의도 바르다. 항상 미리미리 준비하니까 언제나 여유 있게 시간을 관리할 수 있다. 그는 주위 사람들의 기대와 축복을 받으며 훌륭한 인재로 성장해가고 있다. 그렇게 키운 비결은 무엇일까?

"제 아들은 어려서부터 재능교육 학습지를 열심히 한 덕분에 공부를 잘하게 되었어요. 4살 때부터 〈재능수학〉을 했거든요. 아이가 처음부터 공부에 관심을 갖기에 교재가 밀리지 않도록 했습니다. 선생님이 오시기 전에 아이가 문제 푼 것을 철저하게 확인하고 채점했지요. 아이가 어려서부터 공부하는 습관이 몸에 배니 공부에 더욱 흥미를 갖더라고요."

어릴 때부터 부모가 자녀교육에 관심을 가진 것이 공부 잘하는 비결이었다. 교재를 밀리는 법 없이 하루하루 성실하게 보내는 게 몸에 배었고, 어려서부터 몸에 익힌 공부 습관은 초등학교에 들어가서 단연 눈에 띌 수밖에 없었다. 공부 잘하고 발표도 잘하니까 학부모들 사이에서 항상 관심의 대상이 되었다. "아들이 공부 잘한다는 소문이 나니까 많은 사람들이 비결을 물어봤어요. 재능교육 학습지로 공부한다고 했더니 우리 아파트는 전부 재능교육으로 학습지를 바꿀 정도였죠."

어머니는 공부 잘하는 아이를 만들어낸 결정적인 비결을 소개한다. "공부는 습관이라고 생각해요. 학습지는 과목당 매일 10~20분 정도씩 투자하여 스스로 공부하는 습관을 기르는 데 안성맞춤인 것 같아요. 그날그날 목표를 달성하니 자연스럽게 공부를 잘하게 되더군요. 스스로 공부하는 습관을 길러준 재능교육에 감사할 따름입니다."

당사자인 박진광 씨는 자신이 공부에 자신감을 갖게 된 이유를 설명했다. "저는 머리가 좋은 편도 아니고, 서울 강남의 '기획된 아이'도 아니에요. 그래도 어디에서나 좋은 성적을 거둘 수 있었던 건 성실해서입니다. 고등학교 때나 대학에서나 그날 배운 건 그날 소화했죠. 그 습관은 4살부터 중학교 3학년까지 한 재능교육 덕분인데, 다른 학습지에 비해 하루 분량이 적당했어요. 그것만 제대로 이해해도 공부가 어렵지 않았어요." 어릴 때 형성된 앉아 있는 습관이 공부 잘하고 여유 있는 아이를 만들어 훌륭한 인재로 성장시켰다. 한번 몸에 밴 스스로학습 습관이 얼마나 중요한지 깨닫게 하는 사례다.

◎

자기주도학습과 스스로학습은 같은 말이다. 스스로학습의 목적은 아이들의 가능성을 믿고 스스로 학습하는 능력을 키워 창의적인 인재로 성장시키는 데 있다. 아이에게 맞는 처방을 내리는 스스로학습시스템, 동기를 부여하는 재능선생님, 격려하고 지켜봐주는 학부모가 삼위일체가 될 때 스스로학습법이 완성된다.

2장

자기주도학습의 원조,
스스로학습법

01___

우리가 개발한 토종 학습법

단순계산 반복이 프로그램식 학습이라니

경영학을 전공해 미국 유학을 다녀온 내
가 어떻게 교육 사업에 빠져들게 되었을까? 그리고 지금까지 40년
동안 이 길을 후회 없이 걸어오고 있을까? 미치지 않고서는 이루지
못한다는 불광불급不狂不及의 정신 덕분이다.

1970년대 초 미국 유학 시절 선진국의 교육을 직접 목격하고 체
험한 나는 우리나라의 교육 현실이 늘 안타까웠다. 이미 학생 수준
별로 프로그램식 학습을 도입하고 있는 현장을 지켜보고는, 콩나물
시루 같은 교실에서 주입식 교육만 진행하고 있는 우리나라 학교가
떠올라 마음이 아팠다. 하지만 그때까지만 해도 교육은 내 일이 아
니었다.

귀국 후, 나는 대기업에 다니다가 사직하고 봉제 사업을 시작했

다. 그러던 중 국내 한 연구회가 일본의 K수학 학습지를 수입해 국내에 보급하며 '프로그램식 학습교재'로 소개하고 있다는 사실을 우연히 알게 되었다. 과외 열풍이 거세지고 사교육비 부담이 과중해지면서 형편이 어려운 가정의 상대적 박탈감이 사회 문제로 등장하고 있을 때였다. 1970년대 중반 국내에 처음 소개된 이 수학교재는 상당한 인기를 끌고 있었다.

미국에서 프로그램식 학습을 접하며 큰 감동을 받았기 때문에 나는 반가운 마음에 그 교재를 구해 자세히 살펴보았다. 하지만 크게 실망하고 말았다. 한마디로 프로그램식 학습과는 거리가 멀었다. 무엇보다 프로그램식 학습을 하려면 개인별·능력별 학습을 위하여 개인의 능력 차이를 진단하고 평가할 수 있는 과학적·체계적 시스템이 전제되어야 하는데 그런 점이 부족해 보였다.

특히 수학의 경우, 단순계산의 반복이 강조되었다. 수학 교육의 목적은 창의적·수학적 사고력을 기르는 데 있다. 그러자면 학습자의 나이에 맞게 수 개념이나 사칙연산, 도형, 측도, 관계 등 수학 전 분야를 포괄하여 학습하게 함으로써 통합적인 문제 해결력을 키워줘야 하는데 그것을 기대하기 어려웠다.

그런데 기대가 실망으로 바뀌자 일종의 사명감이 솟았다. 남한테 기대할 것이 아니라 내 손으로 만들면 되지 않겠는가. "내 손으로 직접 만들면 더 좋은 프로그램식 학습교재를 만들 수 있을 텐데!"라는 도전정신이 가슴속에 꿈틀대기 시작했다. 프로그램식 학습에 입각한 현대수학 중심의 학습교재를 내 손으로 직접 만들고 싶어졌다.

그것이 재능교육의 출발이었다.

　나는 사명감과 오기를 가지고 우리 땅에 새로운 교육 방식을 선보이고 싶었다. 똑똑한 우리 민족에게 효과적인 교육 방식이 적용된다면 그 능력을 더 크게 떨칠 수 있을 것이라 믿었다. 마침내 1977년 봉제 사업을 직원들에게 맡기고 교육 사업에 본격적으로 뛰어들었다. 프로그램식 학습법에 입각한 독창적 학습교재와 과학적이고 체계적인 진단평가시스템 개발에 매진하기 시작한 것이다. 국내 교육 산업의 새 지평을 여는 게 나의 목표였다. 그래서 관련 자료부터 찾아 나섰다.

제대로 된 우리만의 학습지를 만들다

　　　　　　　　당시 한국교육개발원 신세호 부원장이 쓴 『프로그램수업』을 정독하면서 프로그램수업 관련 자료를 모았다. 이듬해에는 자료의 중심지였던 미국 뉴욕 맨해튼으로 날아가 "제대로 된 프로그램식 학습자료를 구하기 전에는 절대로 한국으로 돌아가지 않겠다"고 결심하고서 스스로학습의 대장정을 시작했다. 프로그램식 학습에 관한 책들을 구하기 위해 대형 서점뿐만 아니라 헌책방도 샅샅이 뒤지고 다녔다. 심지어 워싱턴의 국회도서관까지 찾아가 다른 곳에서 구하기 힘든 오래된 책과 논문을 열람하여 자료를 복사했다.

내 힘으로 구할 수 있는 자료는 전부 구해서 연구한 결과 한 가지 의문점을 갖게 되었다. 그때까지 미국에서 나온 어떤 프로그램식 학습교재도 완벽한 개인별 1 대 1 맞춤 학습이 가능하지 않았던 것이다. 개인별 맞춤 방식이 아니라 학생들의 수준을 몇 개의 그룹으로 나누어 비슷한 수준의 아이들에게 비슷한 수준의 교재로 공부하게 하는 정도였다.

"그룹이 아니라 완벽하게 개인별 학습이 가능하면 정말 좋을 텐데, 그렇게 만들 수는 없을까? 왜 미국의 저명한 교육학자들이 좀 더 정밀한 개인별 학습교재를 만들지 못했을까?"

제대로 된 개인별 1 대 1 학습이 가능하려면 진단평가가 필수적이다. 의사가 환자에게 정확한 진단과 처방을 내리려면 먼저 정밀검사 도구를 활용한 검사 자료와 자신의 경험을 바탕으로 꼼꼼하게 진찰해야 하는 것과 마찬가지다. 나는 정확한 진단평가의 중요성을 실감하면서 이 분야에 새로운 지평을 열기로 했다.

"프로그램식 학습을 할 때 정확한 진단으로 학습 출발점을 찾고, 모르는 부분, 완전학습이 안 된 부분만 '족집게'처럼 정확하게 처방할 수 있다면 학생들의 시간과 에너지 낭비를 줄일 수 있을 것이다. 부족한 영양소를 그 부분만 보충하면 될 테니까."

제대로 된 프로그램식 학습이 이뤄지려면 진단과 학습이 통합된 체계 안에서 정교하게 맞물려야 한다. 진단한 결과에 따라 학습 처방이 정확하게 나오는 통합 시스템이 있어야 최고의 효과를 볼 수 있기 때문이다. 병원으로 치면 하나의 의료 체계 안에 진단 센터와

치료 센터가 함께 있는 셈이다. 그러나 프로그램식 학습의 최고 선진국이라는 미국에도 그런 학습시스템이 없었다. 이것이 오히려 나를 부추겼다.

"진단과 교재가 하나가 된 학습시스템이 미국에 없어? 그렇다면 전 세계 어디에도 없다는 얘기가 아닌가? 그럼 내가 만들어보자!"

진단평가와 교재가 하나 된 학습시스템 개발

3년여에 걸친 노력 끝에 1981년 마침내 독창적이고 과학적인 학습시스템을 선보일 수 있었다. 이 땅의 아이들이 '재능의 씨앗'을 마음껏 꽃피울 수 있는 올바른 교육 환경을 제공하기 위한 우리만의 토종 학습시스템을 개발해낸 것이다.

내가 개발한 학습시스템은 유아 및 초등·중등·고등학교 과정까지 향후 재능교육이 개발, 출시하게 될 모든 학습교재의 기본 틀과 시스템 설계가 들어 있었다. 모든 교재의 마스터플랜이었던 셈이다.

쉽지 않은 길이었지만 새로운 학습시스템을 우리나라에 선보이겠다는 사명감과 열정으로 이 길을 스스로 개척했다. 누군가 과제를 내주듯 던져준 문제였다면 지금처럼 내 인생을 바쳐 해내지는 못했을 것이다.

진단평가와 스스로학습교재가 통합된 독창적인 학습시스템 개발

에 성공하면서 나는 스스로학습법에 대한 자신감이 생겼다. 개발된
학습시스템을 중심으로 스스로학습법에 대한 이론과 실천 방안을
더욱 체계적으로 마련할 수 있었다.

02___

스스로학습법이
주목받는 이유

자기주도학습은 스스로학습의 다른 이름

"자기주도학습의 원조는 어디인가요?"

2003년도에 교육부의 7차 교육과정이 전
면적으로 시행·적용되면서 자기주도학습이 유행할 때였다. 새로운
교육과정은 수요자 중심의 교육을 강화하기 위해 수준별 수업을 도
입하고 학생 선택권을 확대하며 재량 활동 시간을 도입하는 것을 주
요 내용으로 하고 있다. 수요자 중심의 교육이 곧 자기주도학습으로
연결되면서 자기주도학습 학원과 센터가 우후죽순처럼 생겨나 자기
주도학습이란 말이 각광받기 시작했다. 그러면서 많은 사람들이 자
기주도학습의 원조를 자임하고 나섰다.

자기주도학습은 어떻게 정의될까? 교육학 용어 사전에 따르면 자
기주도학습은 "학습자 스스로가 학습의 참여 여부에서부터 목표 설

정 및 교육 프로그램의 선정과 교육 평가에 이르기까지 교육의 전 과정을 자발적 의사에 따라 선택하고 결정하여 행하게 되는 학습 형태다. 자기주도학습은 특히 사회교육이나 성인 학습의 특징적 방 법으로 많이 활용된다"고 설명되어 있다. 그러니까 성인 교육에 활 용되는 자기주도학습이 아이들 교육으로까지 그 개념이 확대된 것 이다.

1977년부터 스스로학습의 중요성을 강조해왔기에 나는 자기주도 학습이 등장했을 때 누구보다도 큰 보람을 느꼈다. 혼자서 스스로학 습법을 외롭고 힘들게 지켜왔는데 천군만마를 얻은 느낌이었다. 자 기주도학습과 스스로학습은 같은 말이다. 우리말과 한자의 차이가 있을 뿐이다.

당시 가수 양희은 씨의 내레이션으로 소개된 재능교육의 광고 카 피는 시청자들의 관심을 모았다. "자기주도학습, 자기주도학습, 왜 돌려 말하죠? 스스로학습이라는 쉬운 말 두고. 재능스스로학습이 자기주도학습하는 방법입니다. 어릴 때부터, 30년 전부터, 재능스 스로학습!" 이 광고 덕분에 '자기주도학습'이라는 새로운 용어에 낯 설어하던 학부모들은 고개를 끄덕였고, 재능교육의 스스로학습의 의미와 가치도 널리 알려지게 되었다.

자기주도학습에 대한 학계의 관심도 높아져 많은 교육전문가들 이 자기주도학습에 대한 연구와 저작 활동을 활발히 전개했다. 숙명 여대 송인섭 교수는 『내 아이가 스스로 공부한다』에서 자기주도학습 에 대한 오해를 지적하고 있다. "가장 많이 오해하는 것 중의 하나가 자기주도학습이 아이를 간섭하지 않고 그냥 두는 것이라고 이해하고 있는 점이다. 그러면서 과연 아이가 혼자서 공부를 할 수 있을지 끊임없이 의심하고 불안해한다. 아이의 일거수일투족에 항상 촉각을 곤두세우고 공부하기를 독려하는 부모로서는 당연한 일일지 모른다. 하지만 자기주도학습은 아이를 방치하는 것이 아니다. 여전히 부모의 관심과 지도가 필요하다. 다만 관심과 지도를 하는 방식이 어디까지나 아이가 스스로 판단하고 행동할 수 있도록 도와주는 점이 다르다."

또한 학원 공부에 대한 우려도 덧붙인다. "요즘 부모들은 아이를 학원에 보내지 않으면 불안해한다. 학원에 가서 공부를 하든지 안 하든지 그건 둘째 문제다. 다른 아이들은 다 학원에 가는데 내 아이만 학원을 보내지 않으면 왠지 뒤처질 것만 같아 무리를 해서라도 학원에 보낸다. 그러고는 마치 해야 할 의무를 다한 것처럼 안심한다. 하지만 학원이 만능은 아니다. 학원에 왔다 갔다 하는 것만으로 아이가 공부를 했다고 착각하면 안 된다. 오히려 학원에 의존하면서 공부하는 아이들은 스스로 공부하는 방법을 터득하지 못해 고학년이 될수록 어려움을 겪는 경우가 많다."

사교육인가? 자기주도학습인가?

이제 자기주도학습은 학부모라면 모르는

사람이 없을 정도로 일반화되었다. 2011년 국책연구기관인 한국개발연구원KDI의 김희삼 연구위원은『왜 사교육보다 자기주도학습이 중요한가』라는 연구 보고서에서 사교육보다 자기주도적 학습이 수능 성적을 높이는 데 더 효과적이라며 다음과 같이 분석했다.

"수학 과목의 경우 고3 때 주당 사교육 시간이 1시간 많을 경우 수능 백분위가 평균 1.5 높았으나 혼자 1시간 더 공부하면 수능 백분위는 1.8~4.6까지 상승했다. 또한 사교육보다 자기주도학습의 경험이 많을수록 대학 학점, 최종 학력, 취업 후 임금과 같은 중장기적 성과도 우월하게 나타났다." 수능 백분위가 1.8~4.6까지 상승하는 것은 등급이 한 단계 오를 정도의 상당한 변화다. 즉, 이 연구 결과는 고3 때 대학 입시에서 스스로학습 습관이 얼마나 중요한지를 말해준다. 또한 스스로학습 습관은 대학에 가서 학점을 받거나 사회에 나가서 취업할 때도 긍정적인 영향을 미치는 것으로 나타났다.

중국의 덩샤오핑은 1979년에 "검은 고양이든 흰 고양이든 쥐만 잘 잡으면 된다"는 흑묘백묘론黑猫白猫論을 주장하면서 실용주의를 표방했다. 이 같은 실용주의 덕분에 중국 경제는 눈부신 발전을 이루면서 오늘날 미국과 함께 G2 국가로 성장했다. 나 역시 자기주도학습이든 스스로학습이든 어떤 단어를 사용하더라도 상관없다는 생각이 들었다. 아이들이 스스로 학습하는 습관을 갖고 행복할 수 있다면 무슨 상관이 있겠는가.

자기주도학습이 일반화되면서 스스로학습법도 더 많이 조명받고 있다. 스스로학습법의 원리에 따라 설계된 〈재능수학〉〈재능한자〉

〈재능영어〉〈재능국어〉〈재능과학〉〈재능사회〉〈생각하는 피자〉 등 재능교육의 학습지 과목들이 주목받을 수밖에 없는 이유이기도 하다. 재능인들은 자기주도학습의 원조가 스스로학습법이라는 자긍심을 가지고 있다.

아직도 영향을 미치는
200년 전의 교육시스템

미래학자 엘빈 토플러는 『부의 미래』에서 "첨단 기업이 시속 100마일의 속도로 달려가는 데 비해 학교는 10마일의 속도로 움직인다"고 진단했는가 하면, 중앙대학교를 인수한 두산의 박용성 회장은 "거리에는 자동차가 달리는데 학교에서는 마차를 가르친다"고 말했다. 기술과 산업이 4차 산업혁명을 향해 달려가고 있는데, 교육의 현실은 변화 속도를 따라가지 못한다는 뜻이다. 현재 우리가 채택하고 있는 교육 방식은 200년 전의 프로이센 모델에서 별로 변한 것이 없다.

나폴레옹의 침공으로 국토와 인구의 절반을 잃은 프로이센(독일)은 기존의 병역 의무에다 교육 의무를 추가함으로써 국민교육에서 돌파구를 찾았다. 프로이센이 근대적 국민교육을 실시한 지 45년 만에 프랑스를 격파하고 국토를 회복한 몰트케 장군은 "프로이센의 승리는 초등학교 교단에서 이루어졌다"고 말했다. 산업혁명의 선구였던 영국이 독일에 뒤진 것은 영국 의무교육이 독일보다 반세기나 늦은 데다 신사 양성이 교육의 목적이어서 많은 인재들이 정치나 관계로 나갔기 때문이다. 반면에 독일은 부국강병을 꿈꾸며 압축적 산업화를 추진하기 위해 공장에 필요한 인력을 대량 배출했다. 집단 의무교육에 세금을 지원하고, 학년을 나누고, 과목별 수업시간을 배정하는 교육 방식이 이때부터 시작되었다.

산업화가 시작되던 시기였기에 기본 소양을 갖춘 노동자들을 대량으로 공급하는 시스템으로서는 안성맞춤이었다. 교육의 목적이 그렇다 보니 개인의 자주성이나 호기심보다는 집단 질서가 우위에 놓여 있는 시스템이었다.

그러나 지금은 규율에만 따르는 유순한 인재를 필요로 하지 않는다. 스스로 학습하고 구상할 줄 아는 창의적 인재를 필요로 한다. 1차 산업혁명이 시작되던 19세기에 만들어진 교육 제도로 4차 산업혁명이 일어나는 21세기를 준비할 수는 없지 않은가?

스스로학습법으로 내일을 준비한다

'교육계의 록스타'라는 별명을 지닌 미국의 살만 칸Salman Khan이 설립한 '칸 아카데미Khan Academy'가 교육 혁신으로 돌풍을 일으키고 있다. 살만 칸은 프로이센 교육모델이 갖는 한계를 첨단 기술을 활용해 뛰어넘었다. 인터넷 동영상을 활용한 교육을, 그것도 무료로 진행한 것이다. 칸 아카데미는 수업 동영상과 컴퓨터 시스템을 통해 인종, 출신 배경, 세대가 제각각인 전 세계 인들에게 평생교육의 장으로서 역할을 하고 있다.

살만 칸은 『나는 공짜로 공부한다』에서 이렇게 밝혔다. "나의 기본 교육철학은 단순하고 지극히 개인적이다. 나는 내가 배우고 싶었던 방식으로 가르치고 싶었다. 즉, 학생들에게 순수한 배움의 기쁨, 우주의 이치를 이해할 때 겪는 흥분을 전달하고 싶었다. 수학과 과학의 논리뿐 아니라 아름다움도 전해주고 싶었다."

내가 칸 아카데미를 의미 있게 지켜본 것은 그의 교육관이 오랫동안 추구해온 나의 스스로교육철학과 맞닿아 있기 때문이다. 인터넷을 통해 학습한다면 학습자는 자신에게 필요한 학습을 할 수 있다. 교실에서는 이해하지 못해도 전체 진도에 맞춰 억지로 넘어가야 했지만 인터넷에서는 모르면 또다시 보면서 반복학습이 가능하기 때문이다. 미진했던 내용이 있으면 뒤로 돌아가 전에 배웠던 내용을 다시 공부할 수도 있다. 자신에게 꼭 맞는 학습을 자신의 속도로 할 수 있는 것은 재능교육이 추구하는 스스로학습법의 기본이다. 그리고 앞으로의 교육이 지향해야 할 방향이기도 하다.

재능교육도 차세대 교육프로그램을 준비하고 있다. 누구든지 모바일을 통해 자신의 실력을 진단받고 자기 능력에 맞는 맞춤학습의 혜택을 누리게 될 것이다. 평생학습의 시대에 걸맞게 성인들을 위한 프로그램도 다양하게 소개할 예정이므로 더 많은 사람들이 평생 즐겁게 공부하고 새로운 세상과 기술을 터득하게 될 것이다.

교육은 어느 나라에서나 중요한 문제다. 거꾸로 교실과 같은 21세기형 새로운 교육모델들이 도입되고 있는 요즘, 스스로학습법은 해외에서도 주목받고 있다. 스스로학습법은 1992년 미국에 진출한 이래 중국, 홍콩, 호주, 뉴질랜드, 인도, 싱가포르 등지에서 좋은 반응을 얻고 있으며 앞으로 더 많은 나라에 소개될 것이다.

　교육은 내일을 바라보는 일이다. 오늘 익힌 지식이 내일의 밑거름이 되고, 오늘 교육받은 인재가 내일을 이끌어간다. 스스로학습이 지향하는 '보다 나은 교육을 통한 보다 나은 삶'이 더 많은 이의 현실이 되길 바란다. 스스로학습법을 통해 "나도 공부를 하니까 재미있더라" "나도 변화를 경험했다"는 체험이 끝없이 이어졌으면 한다. 스스로학습 습관이 형성되면 삶이 풍요롭고 행복해질 것이고, 인생의 빛깔이 달라질 것이다.

03

스스로학습법은 특별하다

가능성, 환경, 변화의 힘을 믿는 스스로교육철학

교육은 널리 가르쳐서 기르는 것을 말하는데, 나는 가르치지 않는 교육, 즉 스스로 배워서 익히는 교육을 추구해왔다. 이를 '스스로교육철학'으로 부른다. 모든 사람은 무한한 가능성이 있을 뿐만 아니라 스스로 발전하고 잘되려고 하는 본성이 있다. 이런 본성에 맞는 좋은 환경을 제공하면 누구든지 스스로 창의적이고 유능한 사람으로 변화할 수 있다는 믿음이 스스로교육철학이다. 스스로교육철학을 이해하는 3가지 키워드는 가능성, 환경, 변화다.

가능성

인간은 무한한 가능성을 갖고 있으며 올바른 교육에 의해 얼마든지 변화, 육성될 수 있다고 믿는다. 또한 모르는 것을 알고 싶어 하고 스스로 문제를 해결하려는 욕구도 갖고 있다. 이 믿음을 바탕으로 어린이가 스스로 창의적인 인재로 자랄 수 있도록 지원하고 있다.

환경

개인별·능력별 스스로학습시스템과 재능선생님, 그리고 학부모가 삼위일체가 되는 올바른 교육 환경을 제공한다. 어린이는 이러한 교육 환경 속에서 학습에 흥미와 자신감을 갖게 되고 규칙적인 학습 습관을 형성함으로써 학습 성공에 이르게 된다.

변화

어린이의 올바른 행동 변화를 지원하고 촉진하고 도와준다. 교육은 모르는 것을 알게 하고 잘못된 것을 고쳐줌으로써 좋은 방향으로 변화시킨다. 이렇게 스스로교육철학은 교육을 통한 긍정적인 변화를 약속한다.

스스로교육철학,
발달적 교육관과 성장 사고방식이 바탕

　　교육을 보는 관점에는 2가지가 있다. "인간은 교육에 의해 얼마든지 변화할 수 있다"고 보는 '발달적 교육관'과 "아무리 훌륭한 교육이 주어지더라도 인간을 변화시키는 데는 한계가 있다"고 보는 '선택적 교육관'이다.

　특정 분야에서 탁월한 능력을 발휘하는 극소수의 사람을 흔히 천재나 수재라고 부른다. 여기에는 '능력은 타고나는 것'이라는 고정관념이 숨어 있는데, 이것이 선택적 교육관이다. 타고난 능력으로 운명이 결정된다는 고정관념은 교육의 의미를 퇴색시킨다. 인간의 본질을 발현시켜 인간을 인간답게 만들어가는 것이 교육의 존재 이유다. 이미 타고난 능력으로 인생이 결정되어 있다면 왜 배우고 노력하겠는가? "천재는 1%의 영감과 99%의 노력으로 이뤄진다"는 에디슨의 말이 갈수록 크게 들린다.

　지금까지 우리 사회에서는 선택적 교육관이 주류를 이루었다. 그에 따라 소수 엘리트에 맞춰진 일률적 기준과 목표가 강요되었고, 사회 전체가 치열한 경쟁과 획일화에 익숙해졌다. 그 안에서 수많은 아이들이 멍들고 있다.

　반면에 발달적 교육관은 올바른 교육에 의해 누구나, 얼마든지 변화·육성이 가능하다고 보는 시각이다. 각자의 적성과 소질, 능력에 맞는 학습법을 처방하는 것이 이 교육관의 특징이다. 스스로교육철학은 발달적 교육관에 입각해서 인간은 얼마든지 발전할 수 있다고 본다. 학교 수업을 따라가지 못해 수학을 포기했던 학생이 자신에게 꼭 맞는 진단을 받고 교육받은 뒤 수학을 좋아하게 되어 대학 수학과에 진학한 경우도 있다. 개개인의 능력에 집중해서 적절한 교육을 제공하면 얼마든지 발전해나갈 수 있다는 것을 교육 현장에서 수없이 봐왔다. 상위 그룹에만 맞춰져 있는 교육 환경 아래 수많은 아이들이 자신의 재능을 썩히고 있을지 모른다는 생각을 하면 안타깝기 그지없다.

어떤 아이든 적절한 교육만 받으면 얼마든지 재능을 꽃피울 수 있다. 공부에 재미를 느끼면 자신이 지닌 능력을 마음껏 펼치게 된다. 어린아이에만 해당되는 이야기도 아니다. 인간은 평생을 두고 변화할 수 있다. 교육은 바로 변화이기 때문이다.

미국 스탠퍼드대학의 캐롤 드웩Carol Dweck 교수는 『성공의 새로운 심리학』에서 아이들의 사고방식, 즉 마인드셋mindset의 차이가 성공과 실패의 갈림길이 된다는 연구 결과를 발표했다.

저자는 뉴욕의 20군데 초등학교 5학년 학생을 대상으로 비언어적 지능 검사를 실시하고, 그 또래 아이라면 쉽게 풀 수 있는 문제를 주었다. 검사를 마친 후 각자에게 점수를 알려주면서 한 집단에는 "넌 참 똑똑하구나!"라고 하고, 다른 집단에는 "참 열심히 했구나!"라고 칭찬했다.

곧 두 번째 시험을 치르면서 한 집단에는 "전처럼 쉬운 문제"이고, 다른 집단에는 "전보다 어려운 문제"라고 설명하면서 문제를 선택하도록 했다. 그랬더니 똑똑하다는 칭찬을 받은 아이는 대부분 쉬운 문제를 선택했고, 열심히 노력한다고 칭찬받은 아이의 90%가 더 어려운 문제를 선택했다. 이에 대해 드웩 교수는 "지능 지수를 칭찬받은 아이는 자신의 지능을 이미 확인받았으므로 틀릴 수도 있는 모험을 하려 하지 않는다"라고 분석했다.

이번에는 아이들이 모두 풀기 어려운 중학교 수준의 문제를 주었다. 두 집단 모두 문제를 풀지 못했다. 그러나 노력을 칭찬받은 집단의 아이들은 끝까지 문제 해결을 위해 적극적으로 노력했다. 또 이런 문제를 "좋아한다"고 대답했다. 이에 반해 똑똑하다는 칭찬을 받은 아이는 문제를 풀지 않고 비교적 쉽게 포기했다.

드웩 교수는 이 결과를 마인드셋으로 설명한다. 노력을 칭찬받은 아이는 미래를 향해 커가는 '성장 사고방식growth mindset'을 갖게 되어서 시간은 걸리지만 여러 가지 능력을 개발하게 된다. 현재를 걱정하지 않고 능력을 발전시키는 데 집중하기 때문이다. 이에 반해 똑똑하다는 칭찬을 받는 경우 현재에 안주하는 '고정 사고방식fixed mindset'을 갖게 되어 더 이상 노력하지 않는다.

이 이야기는 변화에 대한 믿음과도 연결된다. 스스로 변화하고 성장할 수 있다고 믿는 경우, 실제로 변화하고 성장한다. 앞에서 말한 발달적 교육관의 입장과도 통한다. 노력을 칭찬받은 아이는 자신의 노력으로 얼마든지 성장할 수 있다는 자신감을 가지고 성장해나간다.

성장할 수 있다는 스스로의 믿음과 그 노력에 대한 주위의 칭찬이

'성장 사고방식'의 자양분이 된다. 이것이 문제를 해결하고 일을 풀어가는 데 가장 중요한 힘이 된다.

스스로학습법의 3가지 이론적 배경

재능교육이론

재능교육이론은 "어린이는 무한한 가능성을 가지고 있으며, 교육에 의해 누구든지 뛰어난 재능을 발휘할 수 있다"는 믿음을 바탕으로 모국어 학습교육의 원리를 악기 교육에 적용한 학습이론이다. 말(언어)은 인간이라면 누구나 구사할 수 있으며 자극과 매일 되풀이하는 반복 훈련을 통해 얻는 일종의 능력인데, 어린이가 말을 배우듯이 어떠한 재능도 교육에 의해 얼마든지 개발이 가능하다는 것이다.

중요한 점은 보다 빠른 시기에 어느 한 분야를 매일 끊임없이 반복적으로 훈련함으로써 뛰어난 재능으로 육성될 때까지 키워주는 것이다. 지속적인 훈련을 통해서 어느 한 가지 능력을 비약적으로 발전시키는 것이 가능하고, 그 능력을 토대로 다른 분야의 능력도 얼마든지 발전시킬 수가 있다. 이러한 재능교육이론은 스스로교육철학의 기초가 되었다.

프로그램식 학습이론

프로그램식 학습이론은 인간의 심리를 자연과학의 인과법칙으로 설명한 행동주의 심리학에 근거한 학습이론이다. 특히 인간의 행동을 자극, 반응, 강화의 인과법칙으로 설명한 행동주의 심리학자 버러스 스키너Burrhus F. Skinner의 '강화이론'을 학습이론에 반영한 것이다. 모든 학습자는 도달하고자 하는 목표가 있으므로 그 과정을 아주 잘게 나누어 쉽게 만들어줌으로써 꾸준히 성공하는 데서 오는 성취감과 보상에 의해 자신감이 강화되면 스스로 학습하는 습관이 만들어진다. 이런 과정을 통해서 마침내 주어진 학습 목표를 100% 달성할 수 있다는 이론이다. 이러한 프로그램식 학습이론은 스스로 학습교재를 구성하는 근간이 되었다.

　프로그램식 학습은 학습내용이나 정보를 교사의 도움 없이 습득할 수 있는 방법으로 제시하는 것이다. 주어진 학습 목표를 달성하기 위해 자극과 반응에 대한 학습자의 경험을 계획적으로 계열화시킨 교재로 학습한다. 프로그램식 학습을 성공적으로 추진하기 위해서는 우선 학습자가 제시된 프로그램에 능동적으로 반응해야 하며, 쉽게 지식을 획득할 뿐만 아니라 오류의 횟수를 줄임으로써 흥미를 갖고 더 복잡하고 어려운 단계로 나아가도록 해야 한다. 또한 학습자가 나타낸 반응에 대해 즉각적으로 피드백해줌으로써 배움에 대한 강화 효과도 있다.

완전학습이론

　완전학습이론은 모든 학생들이 교육과정의 목표를 완전히 해낼 수 있다는 주장에서 나온 학습이론이다.

완전학습을 성취하기 위해서는 학생 개개인의 능력과 학습 속도를 고려하여 최적의 수업을 제공해야 한다. 완전학습이론에는 우등생과 부진아는 없다. 다만 학생들 개개인마다 필요로 하는 학습시간이 다르기 때문에 느린 학생과 빠른 학생이 있을 뿐이다. 개인의 능력차를 고려하여 각자가 필요로 하는 만큼의 시간과 학습량을 알맞게 주면 누구나 완전학습에 도달할 수 있다. 성적이 나쁘다고 해서 포기할 것이 아니라 꾸준하게 공부하여 필요한 시간만 채우면 원하는 만큼의 성적을 낼 수 있다는 것을 의미한다.

이러한 완전학습이론은 개인별·능력별로 학습을 가능하게 하는 스스로학습법의 과학적인 학습평가시스템을 만들어내는 기초가 되었다.

스스로학습법은 어린이의 재능은 무한하므로 올바른 교육환경이 주어지면 누구든지 변화·발전할 수 있다는 스스로교육철학에 바탕을 두고 있다. 또한 스스로학습법은 학습 목표를 세분화하여 쉽고 재미있게 학습할 수 있도록 만들어진 프로그램식 학습교재를 갖고 있다. 게다가 완전학습이론을 토대로 과학적인 평가시스템을 만들어 개인별·능력별 학습이 가능하도록 만든다.

스스로학습법이 놀라운 효과를 발휘할 수 있는 비결은 여기에 있다.

스스로학습법이 특별한 이유

구체적이고 명확한 학습 목표

아이에게 맞춤형 학습을 제공하기 위해서는 먼저 학습 목표가 구체적이고 명확해야 한다. 학습 목표가 구체적이지 않으면 개인별 수준을 정확하게 알아내거나 무엇을 학습시킬 것인지 알 수 없기 때문이다. 이를테면 "전화를 빨리 받아라" 하는 것보다 "전화벨이 3번 울리기 전에 받아라"라고 구체적으로 가르치는 것이 훨씬 효과가 크다. 스스로학습법은 학습 목표가 구체적이고 명확하게 세분화되어 있어서 아이가 어떤 부분에서 학습에 어려움을 겪고 있는지, 그 결손을 보완하기 위해서는 어떤 학습을 해야 하는지 분명하게 알 수 있다.

과학적인 학습평가시스템

스스로학습법은 과학적인 학습평가시스템을 통해 학습능력의 차이를 구체적으로 명확하게 진단하고 처방한다. 아이 개개인에게 필요로 하는 만큼의 진도를 처방해줄 뿐만 아니라 학습 목표 달성 여부를 종합적으로 점검함으로써 매 단계별로 완전학습이 이뤄지도록 한다.

개인별 · 능력별 학습

스스로학습법은 구체적이고 명확한 학습 목표를 토대로 설계된 과학적인 학습평가시스템을 바탕으로 학습능력과 수준을 정밀하게 진단하여 아이에게 알맞은 개인별·능력별 맞춤학습을 제공한다. 따라서 아이들은 수준에 맞는 공부로 흥미와 자신감을 갖게 되어 실력이 향상된다.

　이 3가지 특장점을 통해 누구나 완전학습에 이르는 맞춤형학습을 진행한다.

04___

좋아서 쉬워서
스스로 공부하는 방법

쉬운 곳부터 즐겁게 공부하라

스스로학습법은 아이들의 가능성을 믿고 스스로 학습하는 능력을 키워서 창의적인 인재로 성장시키는 것이 목적이다. 어떻게 하면 스스로 학습하는 능력을 키울 수 있을까? 스스로학습법이 제공하는 스스로학습방법 5가지가 그 해답이다.

아이들에게 혼자서 해낼 수 있는 과제를 주면 스스로 공부하고, 그런 경험이 쌓이면 공부를 즐겁게 받아들인다. 그것이 스스로학습법이다. 성공한 사람들의 공통점은 자기가 하는 일을 스스로 즐긴다는 것이다. 스스로에게 동기를 유발할 수 있는 동기 부여력을 지녔나는 뜻이다.

인간을 움직이게 하는 데는 '동기'가 작용한다. 칭찬처럼 '외적 동기'가 있는가 하면 일 자체가 즐겁고 재미있어서 하는 '내적 동기'도 있다. 물론 내적 동기의 힘이 훨씬 강하다. 하는 일이 재미있어서 시간 가는 줄 모르고 빠져든 경험은 누구에게나 있을 것이다. 어떤 일을 좋아서 할 때 그 일을 더 잘하게 된다. 내가 즐거워서 하는데 성적까지 잘 나오고 칭찬까지 받는다면 날개를 단 듯이 의욕은 더욱 샘솟을 것이다. 내적 동기를 바탕으로 공부하되 보완적으로 외적 동기를 부여하는 것이 가장 이상적이다.

무엇이든지 스스로 자율적으로 해야 재미있는 놀이가 되고 내적 동기가 생겨난다. 축구를 정말 좋아하는 사람이라도 누가 억지로 시켜서 해야 한다면 흥미가 뚝 떨어질 것이다. 자율성이 사라지면 동기도 사라진다. 자율성은 인간의 심리적 욕구 중 하나다. 아이에게 공부를 시키고 싶다면 스스로 공부하는 즐거움을 알려주고 자율성을 찾아줘야 된다.

초등학교 때부터 공부에 재미를 못 붙인 아이를 중학교, 고등학교 때까지 강제로 공부시킨다는 것은 불가능하다. 자발적으로 열심히 하지 않고서는 상급 학교에서 좋은 성적을 올릴 수 없다. 부모가 옆에서 부추기고 상을 주겠다는 조건을 붙이거나 야단을 치며 억지로 끌고 가는 데는 한계가 있다. 아이 스스로 열심히 하지 않으면 공부는 쉽지 않다. 스스로 열심히 하기 위해 필요한 것이 자기 의지, 즉 내적 동기다. "내가 원해서, 내가 하고자 해서, 나의 의지로 공부한다"라는 생각이 확고하게 자리 잡을 때 아이들은 비로소 공부의 맛을 알게 된다.

무엇인가 배울 때는 첫인상이 중요하다. '할 수 있겠다' '하고 싶다'는 판단이 들 때 의욕이 따른다. 공부도 그렇다. 첫 장을 열었는데 도통 무슨 소리인지도 모르겠고 알고 싶은 호기심조차 나지 않는다면 그 교재에 대해 마음이 닫힌다. 따라서 쉬운 곳에서 출발해야 한다. 전력을 다해야 겨우 이해할 수 있는 내용은 적합하지 않다. 능력의 80%만 발휘하면 이해할 정도로 술술 해나갈 수 있는 것부터 시작해서 '할 만하네!' '공부하니까 재미있네!' 하는 마음이 들게끔 해야 한다.

문제집이라면 짧은 시간에 단숨에 풀 수 있는 부분부터 시작하게 한다. 단숨에 풀 수 있으면 자신감과 흥미가 생겨서 집중력도 높아진다. 반대로 처음 학습할 때 전혀 이해하지 못할 만큼 어렵게 느껴지거나 깊이 생각하지 않으면 풀 수 없는 수준이면 시작도 하기 전에 의욕을 상실하고 만다.

뭐든 잘할 때 재미가 붙는다. 외국어를 배울 때도 귀가 트여 말이 들리기 시작하면 더 재미있다. 지나가는 외국인한테 괜히 말도 걸어보고 싶어진다. 그런가 하면 너무 어려워서 '에이, 난 못하겠다' 싶은 생각이 들면 아예 포기해버리게 된다. 학습을 할 때도 이 점에 착안해야 한다. 문제를 단숨에 풀어내는 즐거움, 술술 풀리는 통쾌함을 맛볼 수 있을 때 공부에 재미가 붙는다. 그러면 공부를 강요할 필요도 없다. 학습의욕이 저절로 높아져 자발적으로 더 공부하고 싶어진다.

학습 결손은 학력 향상의 적이다. 한창 앞으로 나아가야 할 때 발목을 무겁게 붙잡는다. 모르는 것을 해결하지 않고 넘어갈 때마다 모래주머니를 하나씩 발목에 차는 것과 같아서 가뿐한 다리로 달리는 사람보다 힘겨울 수밖에 없다.

　알맞은 학습 출발점에서 시작하는 것이야말로 학습 결손을 막을 수 있는 최선의 방법이다. 똑같이 4학년 수준인 두 아이가 있다고 하자. 한 명은 자기 수준보다 높은 5학년 내용을 시작했는데, 스스로 해내기 어려운 출발점이었다. 반면 다른 아이는 스스로 해낼 수 있는 출발점을 선택해 3학년 내용으로 시작했다. 처음에는 당연히 높은 단계에서 시작한 아이가 앞서 있다. 하지만 그 격차는 머지 않아 좁혀진다. '할 수 있는 출발점'에서 시작한 아이는 진행 속도에 가속이 붙어 점점 빨라진다. 발걸음이 가볍다. 반대로 '하기 어려운 출발점'에서 시작한 아이는 자기 실력에 힘겨운 학습내용을 감당하느라 속도가 붙지 않는다. 두 아이의 차이는 점점 줄어들어서 얼마 후 같은 단계를 공부하게 되고, 어느 시점에는 역전된다.

　'할 수 있는 출발점'에서 시작한 아이는 낮은 단계부터 단단하게 기초를 다진 셈이라 멀리 갈수록 유리하다. 알맞은 수준의 공부를 반복하며 훈련을 지속하면 어려운 수준의 공부도 척척 해낼 수 있다. '내 힘으로 해냈다'는 자신감과 '공부가 재미있다'는 흥미가 엔진이 되어 스스로 공부하는 습관을 만들게 된다. 그러므로 스스로 해낼 수 있는 쉬운 곳에서 출발하게 하자.

스몰 스텝으로 꾸준히 공부하라

"배우고 제때에 익히면 또한 기쁘지 아니한가(학이시습지 불역열호, 學而時習之 不亦說乎)."

『논어』 첫머리에 나오는 유명한 구절이다. 공자는 배우고 익히는 것은 기쁜 일이라고 했다. 새로운 것을 알면 기쁨을 느끼게 된다. 그런데 대부분의 학생에게 공부는 힘들고 고통스러운 일이다. 특히 우리나라 대부분의 학생들에게 공부는 기쁨과는 아주 거리가 먼 것 같다.

언론 보도에 따르면, 초등학교 수업시간에 무기력한 모습을 보이는 아이들이 계속 늘고 있다고 한다. 새로운 것을 시도해야 할 때 마다 "못해요" "안 할래요" 하면서 일단 피하고 보는 아이들이 많다는 것이다. 무모할 정도로 호기심에 가득 차 있어야 할 초등학생들이 시도하는 것조차 꺼린다니 안타깝다. 스스로 선택하는 것도 어려워하고, 기대만큼 성과가 나오지 않으면 쉽게 좌절하고 포기해버리는 아이들. 그런 아이들에게 배움이나 공부가 재미있을 리 없다.

무엇인가를 새로 배운다는 것이 쉽지만은 않다. 처음부터 잘할 수도 없고 실패가 따르게 마련이다. 그런 과정을 반복하면서 깨달아가고 뛰어넘는 것이 학습인데, 이 과정 자체를 두려워하니 공부가 재미있을 턱이 없다. 많은 아이들이 공부를 재미없는 것으로, 어쩔 수 없이 해야 하는 짐으로 여기며 열의를 잃어가는 것은 결국 사회와 어른들 탓이다.

아이들이 공부에 재미를 붙이지 못하는 이유는 아이들이 게임하는 모습만 지켜봐도 금세 짐작할 수 있다. 요즘 스마트폰으로도 수많은 게임들을 접할 수 있기 때문에 아이들은 이 게임, 저 게임 시도해본다. 그런데 자기 수준에 너무 어렵다 싶으면 몇 번 하다가 그만둔다. 단계를 깨부수는 쾌감이 없으니 흥미가 안 생긴다. 반대로 너무 쉬워도 그만둔다. 성취욕이 생기지 않아 재미가 없기 때문이다. 도전정신을 자극하면서 성취감도 맛볼 수 있는 수준의 게임에 아이들은 열광한다. 게임업계 종사자들은 그런 심리를 이용할 줄 아는 전문가들이다. 점수를 계속 올릴 수 있게 만들면서도 도달하기 힘든 부분을 아슬아슬하게 남겨놓는 것이 인기 있는 게임의 비결이다.

컴퓨터 게임 개발자들이 해내는 일을 교육학자들이 못할 것도 없다. 우리 아이들이 공부할 때도 도전정신을 자극하고 성취감을 맛보게 한다면, 흥미를 유발할 수 있지 않을까?

스스로학습시스템은 학습내용과 학습량을 아이가 부담을 느끼지 않고 재미있게 할 수 있는 정도로 조절한다. 아이가 무리하지 않으면서 흥미를 가지고 '조금만 더 하고 싶다'고 욕심을 낼 정도의 양을 주는 것이다. 목표를 너무 높이 잡아 감당할 수 없는 내용과 분량을 학습하다 보면 실망감과 무력감을 갖기 쉽고, 공부에 대한 흥미를 잃을 수 있다. 아이들의 수준에 맞게 학습이 진행되면 공부에서의 성공 경험이 학습 의욕을 일으킨다.

성공 경험이 공부 의욕 일으킨다

"엄마, 나 100점이야!" 처음으로 100점을 맞은 아이는 문 앞에서부터 시험지를 들고 엄마에게 뛰어온다. 이때 아이들이 느끼는 감정은 부모가 생각하는 것보다 훨씬 더 강렬하다. 선생님이나 부모에게 칭찬을 받으니 기쁘고, 이것이 외적 동기가 되어 다음에 더 잘하고 싶은 의욕을 안겨준다. 그러나 보다 중요한 것은 '해냈다' '나도 할 수 있다'는 자신감과 성공의 경험이다.

그동안 공부를 싫어했고 100점을 받아본 적이 없는 아이일수록 100점의 효과는 확실하게 나타난다. 자신이 해냈다는 자신감이 한번 생기면 또다시 그 경험을 하고 싶어 하게 마련이다. 성인들의 자기계발서에 단골로 나오는 말 중에 "성공의 경험을 쌓으라"는 것이 있다. "만기적금 한번 타보지 못한 사람은 성공하지 못한다"라는 말도 있다. 작은 성공의 경험이 또 다른 성공의 경험으로 이끌기 때문이다.

자신의 노력으로 100점을 맞은 기억은 학습의욕을 향상시키는 가장 좋은 지름길이다. 이런 성공 체험이 쌓여갈 때 자연스럽게 공부에 대한 자신감과 흥미가 생겨난다.

숨을 헐떡이며 산을 오를 때 이미 정상에 올랐다가 내려오는 사람들과 마주치곤 한다. "정상이 얼마나 남았어요? 얼마나 더 가야 돼요?" 하고 물으면 열이면 열이 "얼마 안 남았어요"라고 답한다. 그 말을 듣고 지친 발걸음에 다시 힘을 주며 올라갈 수 있다. 아무리 많이 남았어도 '얼마 안 남았다'는 희망 덕분에 포기하지 않고 등반을 마칠 수 있는 것이다. 만약 "아직 멀었어요"라고 했다면 풀린 다리에 힘이 더 빠지지 않았을까? "에이 그만두자" 하고 포기하고 되돌아왔을지도 모른다.

인생의 목표를 설정할 때도 장기 목표와 단기 목표를 함께 정해야 한다. 멀기만 한 목표는 현실감이 없으니 포기하기도 쉽다. 하지만 손만 뻗으면 닿을 것 같은 가까운 목표는 '해내야겠다'는 의지를 불러온다. 단기 목표를 하나씩 달성하다 보면 어느새 멀게만 보이던 장기 목표까지 도달하게 된다. 매일 8시에 일어나던 사람이 "내일부터 새벽 4시에 일어나겠다"라고 해봤자 힘들어서 며칠 못 간다. 그러나 "내일은 7시 반에 일어나보자"라고 마음먹으면 어렵지 않다. 그것이 익숙해지고 나면 "그럼 이제 7시에 일어나볼까?" 하고 목표를 재조정하면 된다. 그렇게 천천히, 조금씩 올라가는 것이다.

공부를 할 때도 작은 걸음으로 올라가야 한다. 한번에 목표를 높이 잡으면 실패의 확률만 높아지고, 포기할 빌미를 스스로에게 주는 셈이다. 감당할 수 없는 분량을 학습하다 보면 '난 안 되겠어'라며 실망감과 무력감을 느끼기 쉽고, 공부에 대한 흥미도 잃어버린다. 그러므로 무리한 목표나 과제는 금물이다.

이러한 원리를 바탕으로 스스로학습시스템에서는 스몰 스텝small step을 강조한다. 학습 단계와 학습 목표를 잘게 나누어서 조금씩 단계를 올라가는 것을 말한다. 프로그램식 스스로학습교재는 각 등급의 학습 목표를 잘게 쪼개 스몰 스텝으로 올라가게 만들어졌다. 각종 교재를 세분화함으로써 아이가 하루에 2~3장씩 무리하지 않고 학습하도록 만든 것이다. 스몰 스텝에 의해 진행 과정이 촘촘하게 짜여 있기 때문에 이것만 따라가면 완전학습에 도달하게 된다는 장점이 있다. 아이가 의욕을 보인다고 해도 한꺼번에 진도를 많이 나가지 않는다. 한번에 많은 내용을 끙끙대며 하는 것보다 조금씩 꾸준히 해내는 것이 훨씬 의미 있다. 스몰 스텝으로 꾸준히 올라가는 학습습관을 길러주자.

집중해서 공부하라

"우리 애가 머리는 좋은데 집중력이 떨어져요." 이런 고민을 하는 부모가 많다. 그런 심리를 겨냥해 '집중력 향상'에 특효가 있다는 광고 문구를 내세운 약들이 넘쳐난다. 약만 먹어서 집중력이 생긴다면 세상에 공부 못할 사람은 없으리라.

어린아이가 집중할 수 있는 시간은 어느 정도일까? 자발적인지, 흥미를 가지는지에 따라 집중 시간은 달라진다. 책 한 장 읽으면서도 몸을 배배 꼬는 아이가 만화영화를 볼 때는 한 시간도 꼼짝 않고 앉아 있는 것을 보면 알 수 있다. 집중력은 훈련을 통해 어느 정도까지 발달이 가능하지만 어린이가 집중력을 유지하는 시간은 일반적으로 10~20분 정도이다. 그래서 스스로학습교재의 분량도 하루 10~20분 정도 학습하도록 구성되어 있다.

집중하지 못한 채 시간만 채우는 것보다는 짧은 시간이라도 집중하게 하는 것이 중요하므로 학습시간은 집중력 범위 내에서 잡아야 한다.

뭔가에 주의를 기울이고 집중하면 에너지 소모가 많아진다. 공부하느라 피곤하다고 말하는 아이에게 무조건 꾀부리지 말라고 하는 건 곤란하다. 누구든 새롭거나 복잡하거나 시간이 오래 걸리는 일을 하면 정말로 피로를 느낀다. 그렇기 때문에 규칙적으로 휴식을 취하며 공부하는 것이 효과적이다.

『마시멜로 이야기』에 나오는 실험은 무척 유명하다. 미국 스탠퍼드대학의 월터 미셸Walter Mischel 박사가 진행한 실험으로, 자기가 하고 싶은 것을 조금 참았다가 할 수 있는 능력, 즉 만족 지연 능력이 인생에 미치는 영향에 대한 연구였다. 4세 유아들을 대상으로 마시멜로를 나누어주면서 "지금 먹어도 괜찮지만 15분만 더 기다렸다 먹으면 하나씩 더 주겠다"고 했을 때 아이들의 반응은 제각각이었다. 그리고 성인이 된 이 아이들을 추적해본 결과 바로 먹지 않고 참아냈던 아이들이 성적도 더 좋았고 대인관계도 좋았으며 성공적인 인생을 살아가고 있다는 내용이다.

"공부를 잘하려면 엉덩이가 무거워야 된다"고 하는데, 이것도 자기조절능력을 의미한다. 친구가 부른다고 쪼르르 달려 나가고, 문밖에서 TV 소리가 난다고 궁금해하다 보면 공부는 언제 하겠는가? 자기조절력이 약한 아이들은 공부에 집중할 수 없다. 공부를 하려고 해도 자꾸 다른 짓을 하고 싶어지는 증상은 자기조절력이 부족하기 때문이다. 목표를 향해 집중하며 필요 없는 것들에 대한 관심을 끊어내는 자기조절력은 뇌의 전두엽과 관련이 있다.

　정신과 의사인 이시형 박사는 『아이의 자기조절력』에서 전두엽에 대해 좀 더 구체적으로 설명한다. 전두엽의 앞부분인 전전두엽은 이성적 판단이나 종합적 분석 등을 담당하는 부위로 자기조절력의 원천이다. 그러므로 자기조절력이 생기려면 어릴 때부터 전전두엽이 발달되어야 한다. "어떤 시대가 오든 우리의 아이들이 건강하게 잘 적응할 수 있는 사람이 되어야 한다. 어떤 시련에도 잘 참고 견뎌낼 수 있어야 한다. 실패나 좌절에도 다시 일어설 수 있는 복구력, 누구와도 잘 지낼 수 있는 유연성, 어떤 일에도 적응할 수 있는 융통성도 필요하다. 이 모든 것을 좌우하는 자기조절력이야말로 어떤 난관도 헤쳐나갈 수 있는 생명력의 요체다. 이것은 우주 시대가 되든, 원시 시대로 돌아가든, 인간으로 살아가기 위해 꼭 필요한 것이다. 갓난아기 때부터 길러져야 하는 자기조절력은 앞으로 100년 인생을 좌우할 것이다. 그러니 막연한 미래 환경을 걱정하기보다는 현재 우리 아이의 자기조절력을 보완해주는 데 신경을 쓰는 게 좋겠다. 그것보다 아이를 위한 더 좋은 미래 준비는 없을 것이다." 그렇다면 어떻게 해야 우리 아이에게 자기조절력인 집중력을 길러줄 수 있을까? 우선 집중에 방해가 되는 환경을 차단해야 한다. 휴대전화를 옆에 두면 보고 싶은 유혹을 느끼게 마련이다. 누워서 책을 보면 자고 싶은 유혹에 빠진다. 그러니 공부할 때는 공부에만 집중할 수 있는 환경을 먼저 만들어주어야 한다.

그런 후에는 훈련이다. 자기조절력은 근육과 마찬가지로 계속 훈련하고 강화시키면 충분히 더 강해질 수 있다. 아무리 어려운 일도 그 과정을 잘게 쪼개놓으면 달성하기 쉽기 때문에 스스로 작은 목표를 정해 중간에 포기하지 않고 완성하는 습관을 기르면 된다. 성공 습관은 만족 지연 능력도 키워준다. 5분 동안 집중해보고 다음에는 7분, 10분으로 늘려가며 조금씩 목표를 확장해가는 동안 자기 자신을 통제하는 능력도 높아진다. 자기조절력이 강해지면 필요할 때 곧바로 집중할 수 있고, 집중력도 높아진다.

매일매일 규칙적으로 공부하라

"시험 기간만 되면 느닷없이 책상 정리가 하고 싶어요." "보고서를 써야 하는데 갑자기 소설이 읽고 싶어요." 이와 비슷한 경험들을 한 기억이 있을 것이다. 뭔가 잘 안 되는 것을 해내려 할 때면 스트레스가 생기는데, 이런 어려움을 피하고자 하는 우리 뇌의 작용 때문이다.

인간은 위기 상황에 처하면 '싸움 또는 도망' 반응을 보인다. 원시 인류가 초원에서 맹수를 만났다고 상상해보자. 아마 걸음아 나 살려라 하면서 도망갈 것이다. 위기 상황에서는 없던 힘도 나온다. '노르아드레날린'이라는 위기 대처 호르몬이 분비되기 때문이다. 영국

웨스트민스터대학의 캐서린 러브데이Catherine Loveday 교수는 『나는 뇌입니다』에서 그 과정을 이렇게 설명한다. "노르아드레날린은 스트레스를 받거나 흥분했을 때 분비되어 심장 박동이 빨라지게 하고, 폐를 열어 더 많은 산소를 받아들일 수 있게 해준다. 그리고 이것은 우리 뇌가 더 빨리 일을 할 수 있게 돕고, 일반적으로는 기분을 띄워주고, 좀 더 기민하고 집중이 잘되게 만들어준다."

그러면 혈압과 심박수가 높아져 몸이 민첩해진다. 위기 상황에서 재빠르게 도망치거나 자신을 방어할 수 있게 하는 시스템인 것이다. 이를 스트레스 반응이라고 하는데, 위기에 처한 생명체가 살아남기 위해 몸의 자원을 재배치하는 과정인 셈이다.

원시 인류가 들판에서 위협적인 짐승을 만났을 때 보였던 이런 반응을 현대인은 일상에서 겪고 있다. 부담이 되는 상황을 만나면 우리 몸은 이와 똑같은 반응을 보인다. 싸우거나 도망갈 상황이 아닌데도 스트레스 호르몬은 똑같이 분비된다. 몸을 움직여 도망갈 상황도 아니니 높아진 혈압과 심박수가 오히려 건강에 악영향을 미치는 것이다.

현대인이 느끼는 스트레스 상황이란 결국 하기 싫은 것, 어려운 것을 해야 하는 상황이다. 위험한 상황을 피하려는 것이 인간의 본성이다. 인체는 에너지 소모를 최소화하게끔 되어 있기 때문에 일단 이런 스트레스를 피하기 위해 방어하려 든다. 그게 '딴짓'의 형태로 나타나는 것이다. 특히 우리 몸의 2%도 안 되는 두뇌는 우리가 섭취하는 에너지의 20% 이상을 사용한다. 공부는 두뇌를 집중적으로 사용해야 하는 일이기에 에너지가 많이 소모된다. 따라서 기본적으로 스트레스가 적고 에너지 소모가 적은 쪽을 선택해서 회피하려고 한다. 어려운 책을 읽으면 졸음이 오거나 계속 딴생각이 나는 것처럼 말이다.

이때 스트레스를 이길 수 있는 건 자신감이다. 우리 뇌가 '위험 상황'으로 느끼지 않을 만큼 자신감이 있다면 스트레스를 덜 받는다. 해낼 수 있다는 믿음이 있을 때는 회피하거나 도망가려는 반응도 사라진다.

독일의 철학자 이마누엘 칸트는 그가 지나가면 이웃 사람들이 시계를 맞췄다는 일화가 있을 정도로 규칙적인 생활을 한 것으로 유명하다. 그가 매일 규칙적인 생활을 한 것은 지적인 생산에 몰두하기 위해서였다. 한마디로 쓸데없는 것에 신경 쓰지 않기 위해 형성된 습관이었다.

애플의 창업자인 스티브 잡스는 항상 청바지에 검은색 셔츠를 입었는데, 같은 모양의 검은색 셔츠만 200벌이 있었다고 한다. 매일 아침 어떤 옷을 입을지 고민하며 쓰는 에너지조차 절약하겠다는 의지였다. 페이스북의 창업자 마크 주커버그의 옷장에도 똑같은 옷들이 수십 벌이다. 그는 내려야 할 결정의 가짓수를 줄이기 위해 매일 같은 옷을 입는다고 한다. 아인슈타인도 옷장에 똑같은 옷이 10벌 있어서 옷 고르는 시간을 절약했다고 하니 천재들에게는 통하는 면이 있는 것 같다. 아인슈타인 하면 떠오르는 부스스한 헤어스타일도 이발소 가는 시간을 줄이기 위한 마음가짐이었으리라. 이들은 이렇게 절약한 에너지를 온통 두뇌 활동에 집중했다.

이렇듯 뇌의 스트레스를 줄이고 자신감을 불러올 수 있는 방법 중에 하나는 규칙적인 습관을 만드는 것이다. 습관을 따른다는 것은 무의식적으로 행동한다는 뜻이다. 선택하고 판단하고 결정하는 데 드는 에너지를 절약할 수 있는 좋은 방법이다. 제철소의 용광로는 한번 불이 꺼지면 쇠를 녹일 수 있도록 다시 불을 지피기까지 많은 노력이 들어간다. 우리의 뇌도 비슷해서 한번 집중하면 활발히 움직이지만 거기에 도달하기까지 시간이 필요하다. 방해 없이 같은 일을 반복할 때는 집중하는 데 필요한 시간이 줄어든다. 익숙한 일을 해낼 때는 그 일을 장악하고 있다는 자신감이 생겨서 스트레스도 적다.

학생들에게 공부는 큰 스트레스다. 낯선 것을 새롭게 배우면서 두뇌의 에너지도 많이 소모되는데, 시험과 평가라는 두려움까지 더해지면 스트레스 증상이 커진다. 이런 불안감에서 벗어나도록 편안하게 해주는 최고의 방법은 공부 습관을 들이는 것이다. 정해진 계획에 따라 공부하는 일과가 반복되면 두뇌의 부담이 줄어든다.

어린아이들에게는 익숙한 일과가 더욱 중요하다. 매일 똑같은 시간에 잠자리에 드는 아이는 으레 그 시간이 되면 자러 가야 한다는 것을 안다. 그런데 취침 시간이 들쭉날쭉한 아이를 잠자리로 보내기 위해서는 아이와 실랑이를 벌여야 한다. 매번 설득해야 하기 때문이다. 공부도 다르지 않다. 매번 정해진 계획에 따라 정해진 시간에 맞춰서 학습하면 몸과 머리도 별 저항 없이 받아들인다. 아이들은 일정한 스케줄이 반복되면 언제 공부하는지 미리 알게 돼서 당황하지 않고 자연스럽게 받아들인다.

무엇이든 매일 하다 보면 습관이 되고, 습관이 자리 잡으면 자연스레 일상이 된다. 공부도 습관이 되도록 해야 한다. 규칙적인 공부 습관이 형성되면 내용이 조금 어려워지거나 학습량이 많아지더라도 지속적으로 해낼 수 있는 힘이 생긴다. 그러므로 일정 시간에 일정 분량을 학습하는 습관을 들일 수 있도록 해야 한다. 공부가 잘된다고 많이 하는 것도 경계해야 한다. 잘못하면 리듬만 깨진다. 어떤 날은 재미가 붙어서 몇 시간씩 하고, 어떤 날은 건너뛰는 식의 패턴은 습관을 들이는 데 방해만 된다.

능숙해질 때까지 반복하라

"책을 백 번 읽으면 그 뜻이 저절로 드러나게 된다(독서백편의자현, 讀書百遍義自見)." 이 말을 공부에 실천한 대표적인 인물이 세종대왕이다.

한글 창제라는 위대한 업적을 이룩한 세종대왕은 어렸을 때부터 책을 무척 많이 읽었다. 얼마나 책에 빠져 지냈던지 아버지인 태종이 아들의 건강을 염려해 책을 모두 치워버린 적도 있었다. 세종대왕의 책 읽는 습관은 독특해서 뜻을 완전히 이해할 때까지 정독하는 것을 원칙으로 삼았다. 그래서 경서經書는 모두 100번씩 읽고, 이해되지 않은 책은 300번까지도 읽었다. 현대의 '완전학습' 개념을 그때 이미 터득했던 것이다.

두뇌의 기능을 살펴보면 반복의 중요성을 확인할 수 있다. 우리 뇌에 입력된 정보가 기억될 때는 '단기 기억'과 '장기 기억'으로 나뉜다. 받아들인 정보를 모두 저장하기에는 뇌의 기억 용량에 한계가 있으므로 잠깐 머물다 사라지도록 한 것이 단기 기억이다. 장기 기억은 꼭 남겨야 할 것들을 남겨두는 시스템으로 용량도 무제한이며 평생 유지된다. 단기 기억의 경우 신경세포의 변화가 없지만 장기 기억은 신경세포의 변화가 일어나 새로운 회로를 만들기 때문에 더 오래 남는다. 그렇지만 장기 기억으로 한번 만들어진 신경세포도 사용하지 않으면 사라지고 만다.

그렇다면 단기 기억을 장기 기억으로 어떻게 전환할 수 있을까? 독일의 심리학자 헤르만 에빙하우스Hermann Ebbinghaus의 '망각 곡선'은 기억의 소멸 시간을 보여준다. 망각 곡선에 따르면 학습 후 1시간 뒤에는 44%가 기억에 남고, 6일 후에는 25%, 한 달 후에는 21%만 기억에 남는다고 한다. 그러나 반복을 통해 망각되는 시간을 지연시킬 수 있다. 예습과 복습이라는 학습 형태도 실은 반복에 해당된다. 학습 후 10분 내에 복습을 하면 복습을 하지 않았을 때에 비해 기억에 남는 양이 4배로 늘어난다. 다시 기억을 자극해 연장시키는 것이다.

경기도 평택의 도곡중학교에서는 에빙하우스의 망각 곡선의 원리를 활용한 '반복학습'을 도입했다고 한다. 학생들은 매 수업을 마치기 5분 전과 조회, 종례 시 각 10분간 수업시간에 배운 핵심 부분을 반복해서 학습하도록 했다. 처음 이 실험을 했던 학급은 같은 학년 전체 4개 반 중 성적이 3, 4위를 오가던 수준이었다. 그러나 실험 이후 전 과목 1등을 차지하게 되었다. 전체 학생들에게 실시하고 있는 현재, 이 학교는 경기도가 시행한 학업성취도 평가에서 평택 지역 전체 학교 평균보다 5점 이상 높게 나왔다. 오래전부터 들어왔던 예습·복습의 효과가 이처럼 놀랍다.

스스로학습법에서 반복은 가장 중요한 개념 중 하나다. 학습효과를 높이기 위해서는 '완전한 이해와 숙달'이 필수인데, 이를 가능하게 하는 것이 반복이다. 반복학습을 통해 막힘없이 술술 풀어갈 수 있는 학습 능력을 길러줄 수 있다.

일반적으로 복습이라고 하면 한번 배운 것을 다시 한번 훑어보는 것으로만 생각하지만 스스로학습법의 복습 개념은 다르다. 어떤 과제를 완전히 익힐 때까지 횟수 제한 없이 여러 차례 반복한다. 간혹 "반복을 너무 많이 해서 아이가 싫증을 내지 않을까요?" "못할 때 반복하는 것 아닌가요? 어느 정도 알면 빨리 진도를 나가는 게 좋지 않을까요?"라고 우려를 나타내는 학부모들이 있다. 하지만 아이들의 입장은 좀 다르다.

아이들은 어른의 생각과 달리 오히려 반복하고 싶어 하고, 반복해서 익숙해지는 것을 매우 좋아한다. 자기가 좋아하는 동화책은 수십 번씩 읽어주어도 다시 가져와서 읽어달라고 하는 게 아이들이다. 이유가 뭘까? 재미있기 때문이다. 재미있는 부분은 반복해도 또 재미있고, 다시 읽는 동안 조금씩 새로운 점들을 발견하기도 하니 흥미가 배가된다. 이때 재미가 느껴지는 이유는 자기가 이해하고 즐길 수 있을 만한, 즉 자신의 능력에 알맞은 수준이기 때문이다. 아이의 수준에 어려운 내용이면 당연히 재미가 없을 것이다. 반대로 시시하게 느껴지면 바로 싫증을 낼 것이다. 즐겁게 반복하고 있다는 것은 그 아이의 능력에 알맞은 수준의 학습을 하고 있다는 의미다.

아이가 반복해서 하고 싶어 하는데도 부모의 욕심으로 그만두게 하고 무리해서 다음 단계를 진행하는 것은 지적 호기심의 싹을 밟는 것이다. '이젠 충분히 잘할 수 있다'라는 자신감과 여유가 생기면 아이 스스로 자연스럽게 다음 단계로 넘어가고 싶어 한다. 반복학습이 재미있어지기 위한 열쇠는 자기 능력에 알맞은 수준의 학습이다.

말콤 글래드웰Malcolm Gladwell은 『아웃라이어』에서 신경과학자인 대니얼 레비틴Daniel Leviten이 연구한 '1만 시간의 법칙'을 소개했다. "어느 분야에서든 세계 수준의 전문가가 되려면 1만 시간의 연습이 필요하다. 작곡가, 야구 선수, 소설가, 스케이트 선수, 피아니스트, 체스 선수 등 어떤 분야에서든 연구를 거듭하면 할수록 이 수치를 확인할 수 있다. 1만 시간은 대략 하루 3시간, 일주일에 20시간씩 10년간 연습한 것과 같다."

마이크로소프트의 창업자 빌 게이츠는 대학 2학년을 중퇴하고 창업했다. 경험도 일천한 젊은이를 마뜩찮게 보는 시선도 있었지만 그에게는 중학생 시절부터 쌓아온 시간이 있었다. 당시로서는 드물게 컴퓨터 클럽이 운영되는 중학교에 다닌 덕분에 빌 게이츠는 일찌감치 컴퓨터 프로그래밍을 배울 수 있었다. 그 매력에 푹 빠진 뒤 하루

8시간씩 컴퓨터 앞에 매달려 지냈고, 그렇게 쌓인 지식이 마이크로소프트라는 회사를 만든 밑거름이 되었다.

반복학습은 정보의 저장에만 도움이 되는 것이 아니다. 지치지 않는 근성과 집중력을 길러주고, 탄탄한 기본기를 바탕으로 창의성이 마음껏 뻗어나갈 수 있도록 해준다.

05___

스스로학습법의 3대 요소

<u>스스로 공부하게 만드는 교육 환경</u>

스스로학습법은 스스로 학습할 수 있는 교육 환경을 제공하여 아이가 학습에 흥미와 자신감을 갖고 공부하게 만든다. 그렇게 공부한 아이는 집중력과 학습능력이 향상되어 문제 해결력을 지닌 창의적인 인재로 자란다.

스스로학습법은 3대 요소로 구성되어 있다. 스스로학습법을 이루는 제1요소는 스스로학습시스템이다. 이는 개인별·능력별 학습을 가능하게 하는 최고의 품질과 가치를 지닌 맞춤학습시스템으로 과학적인 학습평가시스템과 프로그램식 스스로학습교재로 이루어져 있다.

스스로학습법의 제2요소는 재능선생님이다. 선생님은 인간의 무한한 가능성에 대한 믿음을 가지고 아이가 흥미와 자신감을 갖도록 학습동기를 부여하는 역할을 한다.

스스로학습법의 제3요소는 학부모다. 부모는 칭찬과 격려로 아이에게 자신감을 심어주는 역할을 한다. 스스로학습법은 스스로학습시스템과 재능선생님, 학부모라는 3개의 축이 삼위일체가 되어 아이의 자발적 학습을 지원하는 교육 환경, 즉 '스스로 학습할 수 있는 교육 환경'을 말한다.

알맞은 출발점 찾아 처방해주는
스스로학습시스템

자기 자신을 객관적으로 평가하기란 어른에게도 쉽지 않은 일이다. 온갖 감정과 자의식이 개입되므로 객관적인 평가가 힘들다. 어린 학생에게는 두말할 것도 없다. 아이들이 어렸을 때 병원에 가면 아파서 울면서도 어디가 아픈지 정확히 알지 못하는 경우가 많다. 그런 아이들에게 무엇을 알고 모르는지 묻는 것은 의미가 없으며, 정확히 아이의 수준을 알아봐주는 안목이 필요하다. 그리고 그 수준에 맞추어 아이에게 적합한 학습을 처방해줄 수 있어야 한다. 스스로학습시스템은 개인별 수준을 정확하게 진단하고 꼼꼼하게 처방해주는 역할을 한다.

학교에서도 학생의 실력을 점검하는 시험을 치르지만 점수로 성취도를 확인할 뿐 실력에 맞게 진도가 조정되거나 수준에 맞는 교재가 제공되지는 않는다.

아이가 공부에 관심을 갖고 계속하기 위해서는 흥미가 있어야 한다. 아이들은 좋아하는 일은 스스로 한다. 어떻게 해야 아이가 좋아할 수 있을까? 아이가 재미를 느낄 수 있으려면 알아가는 기쁨이 있어야 한다. 아이들은 너무 쉽거나 어려우면 재미를 느끼지 못한다. 그러므로 아이의 수준에 꼭 맞아야 한다.

아이들이 공부를 싫어하는 이유는 모르는 게 너무 많아서다. 고등학교에 가면 수학을 포기한 사람, 즉 수포자가 무려 60%에 이른다고 한다. 너무 어려워서 도저히 따라갈 수 없으면 포기할 수밖에 없다. 자기 수준에 맞는 공부를 하기 위해서는 교재의 선택이 중요하다.

그래서 스스로학습시스템을 개발한 것이다. 스스로학습시스템은 아이마다 정확한 수준을 확인할 수 있는 과학적인 학습평가시스템과 프로그램식 스스로학습교재로 각자의 능력에 맞는 맞춤학습을 진행한다. 정확하고 정밀한 평가를 통해 이 아이가 무엇을 잘하고, 무엇이 부족한지, 왜 틀렸는지 원인까지 알아내고, 수준에 맞는 학습 출발점과 진도를 설정해준다. 꼭 맞는 신발을 신었을 때 발걸음이 가볍고 발이 편안하듯이 꼭 알맞은 학습이 이루어질 때 공부가 쉽고 재미있어진다.

스스로학습법이 독창적인 학습법 또는 자기주도학습의 원조라고 평가받는 근거는 바로 스스로학습시스템 때문이다. 진단에 따라 그에 맞는 처방을 동시에 하는 과학적인 평가시스템을 세계 최초로 개발하고, 프로그램식 학습이론에 따라 맞춤형 학습교재를 개발한 덕택에 붙여진 이름이다.

일반적으로 학습은 사람의 의지에만 맡기는 까닭에 평가가 어려워 사람마다 다른 결과가 나올 수밖에 없다. 그러나 재능교육의 스스로학습법은 시스템으로 뒷받침되기 때문에 시스템을 따라 움직이면 누구든지 완전학습이라는 동일한 결과를 얻을 수 있다.

동기를 부여하는 재능선생님

"스스로학습이라고 하면서 왜 선생님이 필요한가요?" 이런 질문을 받을 때가 종종 있다. 왜 필요할까? 아직 가치관과 자아 개념이 형성되기 전인 아이들은 뭘 공부해야 하는지 스스로 판단하기가 사실상 어렵다. 이런 아이들에게는 스스로 공부할 수 있는 습관이 붙을 때까지 옆에서 가이드를 해주는 사람이 필요한데, 스스로학습시스템에서는 재능선생님이 그 역할을 한다.

악기나 운동을 배울 때도 학습자는 결국 스스로 터득해서 스스로 연습하며 발전해나가야 한다. 그러나 좋은 지도자나 코치를 만나면 그 효과는 비교할 수 없을 만큼 차이가 난다. 수영을 처음 배울 때 흥미를 유발하고 의욕을 불러일으키는 코치를 만난 아이는 수영을 좋아하게 될 확률이 높다. 스스로학습법에서 선생님의 가이드 역할도 그와 같다.

선생님은 아이들이 학습에 흥미를 갖고, 집중력을 키우고, 공부하는 습관을 가질 수 있도록 돕는다. 학습에 있어서 '개인차'는 단지 알고 있는 지식의 수준만을 말하는 게 아니다. 집중할 수 있는 시간, 기질, 성향 등도 다르다. 또 그때그때의 상태에 따라서 학습할 수 있는 수준도 달라진다. 스스로학습시스템이 학습과제와 수준의 알맞은 지점을 찾아준다면 선생님은 그 밖의 상황들을 점검하며 아이의 학습을 돕는 코치 역할을 한다.

아이들이 공부를 열심히 하는 데는 여러 가지 이유가 있다. 점수를 잘 받기 위해서, 부모의 인정을 받기 위해서, 좋은 상급학교에 들어가기 위해서 등 다양하다. 그러나 무엇보다도 직접적이고 강력한 동기는 선생님의 인정을 받는 것이다. 사람은 누구나 타인으로부터 인정받고 싶은 욕구가 있다. 부모에게 인정받는 것도 중요하지만 선생님에게 인정받으면 훨씬 효과적이다. 선생님의 꾸준한 격려는 아이에게 학습동기를 부여해 효과적으로 학습하게 만드는 중요한 요소다.

격려하고 지켜봐주는 학부모

작심삼일이라는 말이 있을 만큼 인간의 의지는 쉽게 흔들린다. 어린아이가 스스로 공부하는 습관을 몸에 익힐 때에도 많은 유혹이 따른다. 스스로학습에 있어서는 규칙적인 학습이 무척 중요한데, 습관이 될 때까지 누군가가 곁에서 격려하고 지켜봐주는 것만으로도 큰 힘이 된다. 가장 가까이에서 지켜보는 부모가 그 역할을 해줘야 한다.

스스로학습은 완전학습을 지향하므로 반복을 강조한다. 한번 '슬쩍' 하고 넘어가는 것과 반복하여 익히면서 완전히 자기 것으로 만드는 것의 차이는 엄청나다. 그래서 '알고 있는 것'을 '익히도록' 반복하는 시간이 꼭 필요한데, 그 시간을 답답해하며 빨리 진도만 나가기를 요구하는 학부모가 있다.

"이거 알아, 몰라?" "아직까지 이거 풀고 있어?" 이렇게 다그치는 부모 앞에서 "잘 모르겠어요"라고 솔직하게 말할 수 있는 아이가 얼마나 될까? 서두르는 부모 앞에서 아이는 솔직하게 자신의 상태를 말하지 못한다. 제대로 알지 못하면서도 모른다고 말을 하지 못하고 더러는 거짓말을 한다. 그러나 어설프게 아는 상태에서 진도를 나가봐야 결손 부분이 생기게 마련이고, 허술하게 쌓아올린 탑처럼 머지않아 문제가 생긴다. 결과적으로 시간을 더 잡아먹는 역효과도 나타난다.

실수하고 틀리고 확인하고 반복하며 아이들은 지식을 습득한다. 운동선수가 하나의 기술을 배운 뒤 혼자서 완벽해질 때까지 부단히 연습을 하는 것처럼 외롭고 힘든 과정이다. 스스로 서기 위해 고군분투하는 아이에게 올바른 환경이 주어진다면 훨씬 효과적으로 목표를 달성할 수 있을 것이다.

알맞은 학습 환경을 만들어주고 지켜봐주며, 아이가 실수하고 실패했을 때 만회할 수 있도록 격려하고 노력을 칭찬해주는 것이 부모의 역할이다.

◎

아이의 현재 실력을 모르는 상태로는 앞으로의 학습 방법과 진도, 문제점에 대한 대처법을 생각할 수 없다. 학교나 학원 수업을 못 따라가는 아이들이 많은 것도 아이들 한 명 한 명의 실력차를 무시하고 전체적으로 수업을 진행하기 때문이다. 아이가 가장 쉽게, 가장 잘 이해할 수 있는 학습 단계를 정확히 파악해야 한다. 스스로학습시스템은 개인별·능력별 수준에 따라 1 대 1 맞춤학습을 실천함으로써 완전학습을 실현한다.

3장

맞춤학습의 시작,
스스로학습시스템

01___
재능교육의 독창적인 학습평가시스템

스스로학습시스템의 마스터플랜 마련

스스로학습법의 제1요소인 스스로학습시스템은 재능교육의 독창적인 시스템으로 스스로학습법의 핵심이라고 할 수 있다. 스스로학습시스템은 과학적인 학습평가시스템과 프로그램식 스스로학습교재로 이루어진다. 먼저 학습평가시스템부터 살펴보자.

나는 학습평가시스템 개발을 시작한 후 우선 학습 목표 계열화 작업을 통해 학습의 순서 및 단계를 정립했다. 〈재능수학〉의 경우 학습 목표를 성취했는지 점검하기 위해 1,800여 개의 학습요소를 분석해 진단 문항을 선정한 뒤 이를 등급별로 나누어 체계를 세웠다. 어느 부분이 틀렸을 경우 해당 학습 목표뿐 아니라 그 선수 학습先受

學習 부분에 해당하는 내용까지 보충 학습을 할 수 있는 프로그램을 개발하는 방대한 작업이었다.

나는 3년여에 걸친 연구 노력을 통해 수많은 시행착오를 극복하고 1981년 마침내 학습평가시스템 개발에 성공했다. 어린이의 학습 능력 및 수준을 정확히 측정한 뒤 개별 예상 진도를 제시한 것이다. 동시에 학습 과정의 매 단계를 점검해 부족한 부분에 대한 보충 프로그램을 제공함으로써 완전학습이 가능하도록 설계한 시스템이었다. 이는 회사가 앞으로 개발·출시할 모든 학습교재의 기본 틀과 방향이 담겨 있는 시스템이기도 했다. 한마디로 과학적 학습평가시스템과 프로그램식 스스로학습교재로 이루어져 있는 스스로학습시스템의 설계도이자 마스터플랜이었다.

이후 학습평가시스템은 전사 차원의 전산화 작업과 함께 진화했다. 특히 수작업으로 이루어지던 '개인별 진도처방기록부'를 1986년부터 컴퓨터로 출력하면서 과학적이고 체계적인 회원 관리 시스템을 구축할 수 있었다. 과학적 학습평가시스템의 핵심 기술이라 할 수 있는 진단 및 처방프로그램을 지속적으로 개선·보완함으로써 1996년 오답 사례별 분석프로그램을 추가로 개발했다. 〈재능수학〉의 경우 12,759가지 오답 사례와 1,864개의 오답 유형을 학습평가시스템의 진단 문항과 연계시킴으로써 학습 과정에서 잘못 형성된 학습습관을 유형별로 찾아내 아이들이 무엇을 왜 모르는지, 어떻게 보충하고 처방해야 하는지 분석할 수 있게 되었다.

현재 실력을 정확히 파악하는 진단평가

스스로학습법의 학습평가시스템은 '진단평가'와 '형성평가' '총괄평가' 3가지로 구성되어 있다. 모든 평가는 컴퓨터 진단처방시스템에 의하여 분석된다. 진단평가에 따라 강점과 약점, 학습 결손의 정도와 그 원인을 찾아내어 학습자가 학습 가능한 곳부터 시작하도록 학습 출발점과 진도를 제시한다. 또한 학습 결손이나 부족을 보충하는 내용프로그램(교재)을 처방하여 개인별·능력별 완전학습이 진행될 수 있도록 돕는다.

재능회원이 되면 가장 먼저 접하는 것이 진단평가다. 진단평가는 학습을 시작하기 전에 학습자의 능력과 수준을 확인한 뒤 그에 맞는 학습 출발점을 제시해주기 위하여 실시한다. 무엇을 모르는지, 어떤 내용을 어려워하는지, 어떤 부분에 결손이 있는지, 그래서 어디를 공부해야 하는지에 대해 2중, 3중으로 정밀진단과 처방을 한다.

재능선생님은 진단평가 결과를 컴퓨터에 입력하여 각 사례별 원인까지 정확히 파악함으로써 학생의 강점과 약점을 상담한다. 또한 학부모와 학생에게 '개인별 진단처방기록부'를 제공하여 세분화된 학습목표에 의한 학습 출발점과 보충 학습 및 예상 진도를 제시한다.

학습 진전을 점검하는 형성평가

학생은 진단평가 결과에 따라 개별적으로 처방된 프로그램식 교재를 매일 학습하게 된다. 그리고 학습을 진행하는 과정에서 주어진 학습 목표를 제대로 성취하여 진전을 보이고 있는지 매주 점검하기 위해 형성평가를 실시한다.

선생님은 매주 학습일정표 및 형성평가 결과대로 효율적인 학습이 진행되고 있는지 등을 점검하기 위해 학생과 학부모를 대상으로 진도 상담을 실시한다. 월 1회 제공되는 '월별 학습상담기록부'를 통해 학부모에게 아이의 현재 학습 상태와 앞으로 예상 진도를 알려주고, 진도를 조정할지 상의한다.

목표 성취를 점검하는 총괄평가

학생이 해당 등급 교재를 마쳤을 때 학습 목표에 대한 성취도를 재점검하기 위해 실시하는 것이 총괄평가다. 학습 결손이 있을 경우 틀린 문항을 중심으로 해당 문항의 학습 목표에 대한 반복학습을 제공함으로써 학습자가 최초에 계획한 학습 목표를 100% 성취할 수 있게 해준다. 따라서 학습자는 자신감을 가지고 다음 등급으로 올라가 교재의 학습에 임할 수 있다.

이렇게 과학적인 평가시스템을 갖춤으로써 전 세계에 내놓을 만한 스스로학습시스템을 만들 수 있었다. 서울 불광지국의 박미자 재능선생님은 스스로학습시스템에 대해 다음과 같이 말한다.

"어머님들은 '아이가 현재 어디쯤 가고 있는지'에 관심이 많습니다. 그런데 우리는 개인별로 정밀한 진단평가를 통해 아이의 현재 수준을 정확하게 판단해줄 뿐 아니라 이를 토대로 앞으로 공부할 내용까지 미리 알려줍니다. 그래서 무척 만족해하시죠. 개인별 진단처방기록부와 월별 학습상담기록부가 아주 잘 설계되어 있기 때문에 그것만 제대로 준비해서 전달하면 부모님들이 가정에서 지도하는 데도 큰 도움이 됩니다."

정밀하게 설계된 재능교육만의 학습평가시스템은 경험해본 이들이라면 그 가치를 더 잘 안다.

02 ___

토종 교육브랜드
〈재능수학〉〈재능한자〉
〈생각하는 피자〉

〈재능수학〉〈재능한자〉
〈생각하는 피자〉의 개발 과정

스스로학습시스템의 두 번째 요소는 프로그램식 학습교재다. 이 학습교재는 프로그램식 학습이론을 바탕으로 학습자가 달성해야 할 분명한 학습 목표를 설정해놓고, 학습 목표에 따라 학습 과정을 아주 잘게 쪼개어 배워야 할 학습내용 순서대로 우선순위를 둔다. 또한 진단평가 결과에 따라 이미 알고 있는 부분에서 학습의 출발이 이루어질 수 있도록 개인별 학습내용을 제시한다. 따라서 매 학습단계마다 완전학습에서 오는 성취감을 느끼게 하고 칭찬과 격려를 통한 동기 부여를 지속적으로 강화함으로써 학습자가 주어진 학습 목표를 100% 성취할 수 있도록 설계되었다.

스스로학습법을 실천하는 도구가 바로 프로그램식 스스로학습교재다. 학부모는 학습교재를 보면서 학습시스템 내용의 우수함을 알게 된다. 대표적인 스스로학습교재인 〈재능수학〉〈재능한자〉〈생각하는 피자〉의 개발 과정을 살펴보자.

최초의 프로그램식 학습교재 〈재능수학〉

　　　　　　　본격적인 교재 개발 단계에 돌입하면서 1979년 10월, 20여 명의 교재 연구팀을 구성하여 맨 먼저 수학교재부터 개발하기 시작했다. 모든 개발 작업의 진두지휘는 내가 도맡아 진행할 수밖에 없었다. 내가 구상해온 평가시스템이나 교재 개발의 기본 틀을 연구원들이 정확히 이해하지 못하고 있었기 때문이다.

　먼저 학습 시작 단계를 만 2.5세의 유아로 정했다. 당시만 해도 유아교육에 대한 중요성이 널리 인식되어 있지 않았다. 그래서 수학에 있어 유아가 어느 단계까지 학습을 해야 하는지, 어떤 방법으로 숫자를 학습해야 하는지 등에 대한 기준도 애매했다.

　한 등급의 학습 기간을 6개월 정도로 정하고, 한 세트당 학습 분량을 유아가 하루에 10분 정도 집중할 수 있는 범위 내에서 구성했다. 교재의 내용은 만 2.5~3.5세까지는 5 이내의 숫자를 학습하고, 4~5세까지는 9 이내의 숫자를 학습하도록 기준을 세웠다. 0은 원래 인도철학에서 나온 것이므로 아무것도 없는 무無의 개념을 유아가 인식하기에 매우 어려운 까닭에 숫자 9 이후의 학습단계에서 배우도록 했다.

수를 인식하는 단계도 현대수학의 집합 이론에 근거해 수 개념, 수 세기, 집합수와 숫자, 수의 합성과 분해 순으로 인식하도록 했으며, 이것을 유아의 수준에 맞는 그림과 이야기로 구성했다. 또한 사고의 과정을 고려해 유아가 거쳐야 하는 인식 단계에 맞는 모양과 크기, 높이, 부피 등의 개념을 도입해 유아 등급 교재를 제작했다.

유아들이 흥미를 잃지 않으면서 효과적으로 학습해나갈 수 있도록 세심하게 작업한 결과 마침내 2.5세부터 초등학교 취학 전까지의 유아들을 대상으로 한 프로그램식 수학교재인 〈재능수학〉A·B·C·D등급을 1981년 7월 1일 출시했다. 이미 나와 있던 기존 교재와는 판이한 우리나라 최초의 체계적인 프로그램식 학습교재였다.

우선 임직원들이 친인척이나 지인들의 자녀들을 대상으로 학습을 권했다. 이 무렵은 방문형 학습지에 대한 학부모들의 인식이 매우 낮은 편이었지만, 다행히 〈재능수학〉으로 공부를 시켜본 학부모들의 만족도가 매우 높았다. 학부모들의 자발적인 입소문을 통해 〈재능수학〉을 소개하면서 회원 수가 점차 늘어나기 시작했다. 내용이 참신했을 뿐만 아니라 디자인과 인쇄 면에서도 기존의 학습지들보다 월등했기 때문이다.

나는 서둘러 추가 교재 개발 작업에 착수했다. 그해 11월 19일 〈재능수학〉E·F·G·H등급을 출시했다. 이렇게 해서 만 2.5세의 유아에서부터 초등학교 4학년까지의 어린이를 대상으로 한 교재가 완성된 것이다. 1985년 7월에는 I·J등급을 개발함으로써 초등학교 전학년을 대상으로 수학교재 개발을 완료했다. 이후 중학교, 고등학교 과정을 완성하여 20년 동안에 만 2.5세 유아에서 고등학교 과정까지 수학의 전 과정을 프로그램식 교재로 개발했다.

1989년 중등과정이 개발되면서 처음의 〈재능산수〉를 〈재능수학〉으로 교재 이름을 바꾸었다. 〈재능수학〉 교재의 최종 검토와 감수는 서울대학교 수학과 조승제 교수가 담당하여 많은 도움을 주었다. 수능시험 출제위원장과 국제수학교육위원회ICMI 한국지부 대표를 역임한 조승제 교수는 〈재능수학〉의 전 개발 과정에 조언을 아끼지 않았다.

조직의 기틀이 마련되고 교재 개발이 이어지면서 점차 경쟁력을 지니게 된 재능교육은 1999년 마침내 회원과목 83만을 돌파하기에 이르렀다. 지난 1981년 〈재능수학〉이 출시된 이후 재능교육 스스로 학습교재로 학습한 회원은 2017년 12월 현재 약 476만 5,200명이고, 회원들이 공부한 과목 수는 〈재능수학〉을 비롯한 19개 과목에 1,100여 만이 된다.

한걸음 앞서 시작한 한자교육 〈재능한자〉

2016년 말, 교육부는 초등학교 교과서에 한자를 병기하도록 하는 교과서 한자 표기 기준을 발표했다. 이에 따라 '2015 개정교육과정'이 5, 6학년에 적용되는 2019년부터 국어를 제외한 모든 과목 교과서에 한자가 병기된다. 1970년 초등학교 한자 교육이 금지되면서 교과서에서 사라졌던 한자가 다시 살아난 것이다. 한자 교육의 필요성을 오래전부터 강조하면서 일찌감치 〈재능한자〉를 개발, 출시한 나로서는 감회가 새로웠다.

나는 우리말의 70% 정도가 한자로 구성되어 있고, 초등학교 교과서 어휘 가운데 50% 정도가 한자어로 이루어져 있는 현실을 직시했다. 한자를 익혀야 올바른 국어 생활이 가능하고, 한자교육이 어린이의 논리력과 사고력 향상에도 큰 도움을 주는 만큼 반드시 한자 교육의 중요성이 부각될 것이라는 믿음이 있었다.

그래서 〈재능수학〉 다음으로 〈재능한자〉 개발에 착수했다. 1989년 〈재능수학〉 회원이 3만 명을 넘어서고, 프로그램식 교재에 대한 학부모들의 신뢰가 높아지면서 상품 다변화 차원에서 〈재능한자〉를 개발했다. 하지만 당시 한자가 초등학교 교과 과정에 포함돼 있지 않다는 이유를 들어 한자 개발을 반대하는 임직원들의 목소리가 높았다. 국내에서는 한글 전용론이 우위를 점하면서 신문과 교과서는 물론 일반 출판물과 거리의 간판에서까지 한자가 사라지는 상황이었다. 심지어 정규 교과과정에서조차 한자 교육을 실시하지 않았다. 이러다 보니 어디에서도 한자를 개발하는 회사는 없었다.

1988년 말 일본에서 열린 세계출판물전시회에 참관하고 나서 한자 개발 목표는 더욱 확실해졌다. 일본 전시회에서 한자로 된 책들을 무수히 접한 데다 거리의 안내 표지판이나 간판의 한자만 읽을 줄 알아도 일본 여행하는 데 큰 불편을 느끼지 않았다. 서양의 라틴

어처럼 한자는 동양 문화권의 패스워드 역할을 하기 때문이다.

1989년 3월 학습지업계 최초로 프로그램식 한자교재 개발에 착수했다. 나는 일본에서 가져온 한자교재 샘플 등을 연구하며 재능교육의 프로그램식 학습이론에 맞춰 한자교재를 설계하기 시작했다. 부산여자대학교 국문과 성호주 교수가 많은 자문과 도움을 주었다. 당시 기존의 한자 학습교재는 대부분 단순 반복식의 단행본이나 일일 학습지 형태가 주를 이루고 있어서 무미건조하여 인기가 없었다.

이런 한계를 극복하기 위해 〈재능한자〉는 그림을 통해 쉽게 글자의 원리를 익히게 했고, 컴퓨터 진단을 접목해 개인별·능력별 학습이 가능하게 했다. 그리고 글자의 구성 원리에 대해 철저히 분석하여 각 글자의 특성을 분류했다. 한자는 표의문자表意文字이기 때문에 글자의 형태, 생성 과정을 분류하고, 이를 다시 단계별로 계열화해 어린이들이 쉽고 재미있게 공부할 수 있도록 구성했다.

연구팀은 문교부 지정 상용한자 1,800자 중 초등학교 교과과정에 들어 있는 한자어와 초등학생들이 많이 쓰는 일상 한자어를 중심으로 가장 사용 빈도가 높은 한자 900자를 선정했다. 또한 한자 획수의 많고 적음, 어휘 사용 빈도 등을 고려해 하위 등급에서 상위 등급까지 난이도를 조정하고, 먼저 배운 한자를 다음 등급에서 계속 사용하게 함으로써 완전학습이 가능하도록 했다.

출시부터 호평을 받은 〈재능한자〉가 회원들에게 큰 반향을 일으키자 경쟁사에서도 한자 학습교재 개발을 서두르기 시작했다. 재능교육은 〈재능한자〉의 성공적인 연착륙을 통해 프로그램식 교재의 우수성을 다시 한 번 인정받을 수 있었고, 이를 계기로 새로운 교재 개발에 더욱 박차를 가할 수 있었다. 그 결과, 1993년에 〈재능영어〉와 〈재능국어〉 그리고 〈성인용 재능한자〉가 각각 출시됐다.

국내 최초의 사고력과
창의력 교재 〈생각하는 피자〉

1994년부터 대학입시제도가 수학능력시험으로 변경되면서 사고력과 창의성이라는 단어가 유행처럼 학부모들 사이에 파고들었고, 영재교육의 중요성도 부각되었다. 21세기 미래 사회가 요구하는 논리적 사고력과 창의성을 갖춘 인재를 육성한다는 취지 아래 1995년 1월 회사 내에 한국창의성개발연구소를 설립했다. 교육학 박사인 문정화 소장(현재 인천재능대 교수)을 중심으로 연구원들이 3년 동안 준비하여 유아부터 초등학생까지 어린이들의 사고력과 창의성을 개발하기 위한 〈생각하는 리틀피자〉 A·B·C·D등급과 〈생각하는 피자〉 E·F·G·H등급을 출시했다.

교재 이름을 '피자'라고 한 것은 탐구지능, 언어지능, 수지능, 공간지각지능, 기억, 분석, 논리 형식, 창의적 사고, 문제 해결 등 9개 학습영역을 골고루 다루고 있는 교재의 가치를 맛과 영양이 풍부한 재료들로 만든 피자에 빗댄 것이었다. 간편하면서도 다양한 재료를 맛있게 먹을 수 있는 피자처럼 쉽고 재미있게 사고력의 전 영역을 골고루 학습할 수 있도록 만들었다. 특히 생활 속에서 찾을 수 있는 흥미로운 주제를 쉽고 재미있게 다루면서 논리적 사고력과 논술 능력을 기를 수 있도록 구성했다. 〈생각하는 피자〉는 사고력의 전 영역을 포함하는 국내 유일의 교재다.

〈생각하는 피자〉와 〈생각하는 리틀피자〉는 출시 초기만 해도 회원과 학부모들에게 어려운 교재라는 선입견을 주기도 했다. 생각하는 힘을 길러주는 내용이므로 문제 형태가 생소한 데다 단기간 학습으로 쉽게 효과가 나타나지 않았기 때문이다. 그러나 7차 교육과정의 교육 정책이 사고력을 강조하고 있었던 데다가 사회 여건이 창의력과 논리력을 중요시하는 방향으로 변해가면서 사고력 교재의 회원 수가 꾸준히 증가했다. 21세기형 인재를 위한 사고력과 창의력 향상을 목표로 출시된 피자 교재는 교육계 및 학습지업계 전반에 점차 신선한 충격으로 받아들여졌다.

〈재능수학〉과 〈재능한자〉〈생각하는 피자〉를 비롯한 모든 프로그램식 학습교재들은 학습자 스스로 남의 도움 없이 공부할 수 있도록 구성되어 있다. 개념과 원리가 친절하게 설명되어 있고, 그 개념과 원리는 구체적인 학습 과정 속에서 지속적인 반복 연습을 통해 익힐 수 있기 때문이다. 따라서 프로그램식 학습교재로 공부하는 아이들은 학습 과정이 진행됨에 따라 스스로 학습할 수 있는 능력을 기를 수 있다.

03___

수학부터 시작하라

수학교재를 가장 먼저 개발한 이유

"수학만 잘했어도 인생이 달라졌을 텐데."

"수학시간이 너무 괴로웠어."

대부분의 엄마, 아빠에게 수학은 결코 유쾌한 과목이 아니었다. 수학에 대한 괴로운 추억이 있을 뿐이다. 요즘 학생들도 마찬가지다.

2016년 한국교육과정평가원 조사에 따르면, 일반고 수학교사의 15%가 "학생들 절반 이상이 수학 수업을 이해하지 못한다"고 답했다. 시민단체 '사교육 걱정 없는 세상'의 설문 조사에서는 고등학생의 59.7%가 수학이 너무 어려워 공부를 포기했다는 '수포자'로 분류되고 있다. 이들은 이해하지도 못하는 수업을 들으며 매주 10시간 이상 멍하니 앉아 있거나 엎드려 잔다.

이처럼 고등학교 때 수포자가 급증하는 이유가 무엇일까? 개념과 원리를 모른 채 문제풀이만 강요하는 암기식 교육은 심각한 문제가 있다. 수학도 얼마든지 즐겁게 공부할 수 있다. 수학을 잘하고 싶으면 계산 문제풀이 중심의 수학교육부터 멀리해야 한다. 왜 그렇게 되는지 원리를 모르고 공식만 달달 외우면 수학의 즐거움을 알 수 없다. 수학에 대한 공포를 극복하기 위해서는 쉬운 수학 개념부터 차근차근 이해하도록 도와줘야 한다. 수학이 싫어지는 이유는 어려워 잘 못한다고 느끼면서 자신감이 사라진 까닭이다.

2012년 교육부는 "생각하는 힘을 키우는 수학, 쉽고 재미있게 배우는 수학, 더불어 함께하는 수학" 등을 핵심으로 한 '수학교육 선진화 방안'을 발표했고, 이를 위해 개념과 원리를 중시하고 스토리텔링을 제시했다. 숫자만 나열하는 지루한 수학이 아니라 학생들이 수학을 즐겁게 자발적으로 공부할 수 있도록 수학교육의 방향을 바꾸겠다는 의도다.

〈재능수학〉은 연산만을 강조하지 않고 사고력을 키워주도록 개발되었다. 40년 전, 수학교재를 가장 먼저 개발한 이유도 스스로학습의 관건이 수학이라고 봤기 때문이었다. 수학을 잘하면 다른 과목들은 자연스럽게 해결되는 경우가 많다.

수학은 논리적 사고와 문제 해결 능력을 키워주는 학문이다. 수학을 수학이라는 과목 자체의 공부로만 생각해서는 안 된다. 그러다 보면 성적에만 집착하게 되는데, 수학은 긴 안목을 가지고 보약을 먹듯 식물을 키우듯 대해야 하는 과목이다. 아이들은 수학공부를 통해서 학습습관 자체에도 엄청난 효과를 얻을 수 있다. 사고하는 힘을 기르고 스스로 문제를 해결해나가는 방법을 익히는 과정에서 공부에 대한 자신감도 키우게 된다. 수학을 잘하면 다른 과목도 잘할 수 있다는 자신감이 생기고 학습효과도 높아진다.

수학이 아이의 미래를 바꾼다

미국에서는 수학 수업시간이나 시험을 볼 때 계산기를 지참할 수 있게 한다. 그러다 보니 문제도 달라서 현실에서 일어날 수 있는 상황을 시험문제로 낸다. 개념과 원리만 알면 만 단위든 천만 단위든 계산기를 써서 답을 얻을 수 있다. 우리나라에서는 계산기를 쓸 수 없기 때문에 실생활에서 사용되는 수치들을 1천분의 1, 1만분의 1로 줄인 숫자를 가지고 출제한다. 그러니 수학이 뜬구름 잡는 이야기만 같고 실감이 나지 않아서 응용력이 생기지 않는다.

수학은 그 어느 학문보다 우리 일상과 밀착되어 있다. 우리를 둘러싼 공간과 시간은 모두 수학으로 이루어져 있다는 것을 실감할 때 수학이 재미있어지는데, 전혀 상관없는 숫자놀이같이 느껴지기 때문에 수학과 점점 더 멀어지는 것이다. 수학이 좀 더 재미있으려면 현실의 문제를 가지고 상황 설명을 해야 한다.

이제 수학은 학문으로만 머무는 것이 아니라 황금알을 낳는 거위가 되었다. 세상을 움직이는 IT산업을 이끄는 빌 게이츠, 스티브 잡스, 마크 주커버그, 세르게이 브린과 래리 페이지와 같은 인물은 모두 수학과 과학을 좋아했다. 실제로 빌 게이츠는 하버드대학에서 수학을 전공했고, 마이크로소프트의 스티브 발머도 수학을 전공했다. 구글의 창업자 세르게이 브린은 어린 시절 많은 시간을 수학공부로 보냈던 수학신동이었다.

우리나라에서도 대학입시에서 수학의 비중이 점점 늘어나고 있다. 2018학년도 대학수학능력시험부터 영어 영역에 절대평가가 도입됨에 따라 영어에 변별력이 줄어들어 수학의 중요성이 더욱 커질 전망이다. 그러면 수학 실력이 대학입시를 좌우하게 될 수 있다. 그러므로 일찍부터 우리 아이들이 수학과 더욱 친해지게 만들어줘야 한다.

최근 미국 퍼듀대학이 취학 전 유아 114명을 대상으로 연구한 결과에 따르면, 3~5세의 유아에게는 동화책을 읽어주는 것보다 수 헤아리기나 대소 비교 등 기초수학 개념을 가르치는 것이 언어 능력을 키우는 데 효과가 크다고 한다. 즉, 수리 능력은 물론이고 언어 능력도 크게 향상시킨다는 것이다.

수학이 중요한 이유 5가지

첫째, 수학은 사고력과 논리력을 키워준다.

수학문제는 생각을 한 뒤에 풀어야 하므로 풀이하는 과정을 통해 생각하는 힘, 즉 사고력이 길러진다. 스위스의 교육자인 페스탈로치는 "수학을 학습하는 것은 '정신 체조'를 하는 것과 같다"고 말했다. 육체의 힘을 키우기 위해 운동을 하듯이 수학 역시 정신 체조를 통해 사고력을 키워주는 것이다. 사고력이 생기면 논리력이 생긴다. 또한 논리력은 논술의 기본이 되기도 한다. 사고력과 논리력은 문제 해결 능력의 바탕이 되므로 무슨 과목이든지 잘할 수 있다. 일반적으로 수학을 잘하는 학생은 영어를 비롯한 다른 과목도 잘하는 경우가 많다.

둘째, 수학은 창의력을 높여준다.

창의력이란 완전히 새로운 것을 생각하는 능력이라기보다 기존의 것을 다른 각도로 보면서 활용하는 융합 능력을 말한다. 그렇기에 문제의 본질을 보는 습성, 해결의 실마리를 찾는 시각, 해결책을 제시하는 결정 등 여러 단계를 거치면서 생겨난다. 창의성은 수학문제를 푸는 과정과도 같으므로 수학을 공부하며 문제를 해결해나가는 과정에서 창의력이 길러지는 것이다. 독일 수학자 게오르크 칸토어 Georg Cantor는 "수학의 본질은 자유에 있다"고 했다. 다양한 세상을 허용하는 수학을 통해 자유로운 사고를 훈련할 수 있다.

셋째, 수학은 모든 학문의 기초가 된다.

수학이 지루한 이유는 대학에 들어가면 쓸모없다고 생각하기 때문이다. 이과에 진학하면 수학이 필수이지만 문과에 진학하는 경우 수학과는 담을 쌓는다. 그러나 법학, 경영학, 경제학, 사회학, 심리학 등에서도 사고력과 논리력은 중요하다. 더욱이 요즈음은 각 분야에서 수학적 모형을 만듦으로써 새로운 영역을 개척하기도 한다. 단순히 수학을 도구로 몇 가지의 지식을 보태는 것이 아니라 수학을 골격으로 새로운 집을 짓는 셈이다. 이와 같이 개념과 원리를 중시하는 수학 학습방식이 모든 학문의 기초가 되고 있다.

넷째, 수학은 정보화 시대에 적합한 인재를 길러준다.

수학은 수능과 대학입시에서 결정적인 역할을 하고 있다. 대학 졸업 후에도 수학의 이론과 기법은 공학, IT 등 과학기술 분야뿐만 아니라 국가 안보, 의료 보건, 통신, 행정, 금융, 경영 등 합리적인 판단을 하는 분야에서 광범위하게 사용되고 있다. 그래서 정부와 기업에서는 수학적 능력을 갖춘 인재들에 대한 선호도가 점점 높아지고 있다. 이처럼 수학적 사고력은 논리력, 창의력, 문제 해결 능력 등을 바탕으로 지식정보사회가 요구하는 인재의 요건으로 강조되고 있다.

다섯째, 수학은 지혜로운 삶을 살도록 도와준다.

수학은 우리 삶 속에 깊숙이 들어와 있다. 다만 느끼지 못할 뿐이다. 시간을 계산하고, 일을 하고, 쇼핑을 하는 과정을 살펴보면, 수학적인 사고가 개입되지 않는 곳이 없다. 고대 그리스의 피타고라스 학파는 "수학은 지혜의 숫돌"이라고 주장했다. 수학이라는 숫돌에 갈면 지혜가 계속해서 샘솟듯이 공급되는 까닭이다.

사람은 자신이 중요하다고 생각하는 곳에 시간을 투자한다. 수학의 중요성을 알고 수학을 좋아하게 될 때 수학에 시간을 지속적으로 투자할 수 있다. 그러나 아이들은 수학의 중요성을 알지 못하므로 부모가 먼저 그 중요성을 알아야 한다. 특히 아이들의 뇌가 왕성하게 발달하는 유아기부터 수학에 대한 생각과 습관을 잡아주는 게 중요하다.

04___
나에게 꼭 맞는 맞춤학습

자신의 수준 파악이 급선무

스스로학습시스템은 개인별·능력별 수준에 따라 1 대 1 맞춤학습을 실천함으로써 완전학습을 실현한다. 어떻게 맞춤학습을 찾을 수 있는지 그 과정을 살펴보자.

뛰어난 성과를 거두는 사람은 2가지 특징을 갖고 있다. 하나는 원하는 미래와 현실 간의 격차를 정확하게 인식하는 것이고, 다른 하나는 그 차이를 극복하기 위해 구체적으로 꾸준히 실천해나간다는 사실이다. 이는 자신이 지금 서 있는 위치와 도달해야 할 목적지를 분명하게 알고 있으며, 목적지를 향해 구체적인 발걸음을 옮겨야 한다는 뜻이다. 올림픽 메달리스트나 세계적인 연주자들은 일찍부터 국제대회에 참가한 경험이 커다란 동기 부여가 되었다고 말한다. 국제대회에서 경쟁 상대들의 수준을 지켜보고 자신의 위치가 어느 정도인지 파악함으로써 앞으로 보완하고 단련해야 할 부분이 더 명확히 보이기 때문이다. 마찬가지로 공부할 때도 정확한 실력 파악이 중요하다.

또한 학부모는 지나친 욕심을 버려야 한다. 옆집 아이가 상위 학년 수준을 배운다고 하면 자기 아이도 똑같이 가르치고 싶어 조급해하는데, 절대 금물이다. 아이의 부족한 부분인 학습결손을 보완하는 것이 앞서가는 것보다 훨씬 중요하다. 결손을 보완하면 나중에는 더 빨리 나갈 수 있다는 것을 알아야 한다.

중학교 1학년이지만 초등학교 6학년 과정 중에서 완벽하게 이해하지 못한 부분이 있다면 중1 진도를 나가기보다 6학년 과정의 빈 부분부터 해결해야 한다. 벽돌로 담장을 쌓을 때 아랫부분에 몇 개가 빠져 있으면 우선 그것부터 채우고 높이 쌓아가야 한다. 아래쪽에 빈 부분이 있으면 언젠가 무너질 위험이 있다는 것은 누구나 안다. 학습도 마찬가지다. 결손 부분부터 채우고 넘어가야 자기 실력이 완성되므로 정확한 수준 파악은 무엇보다 중요하다.

학습 성취의 원동력, 진단과 출발점

스스로학습시스템의 가장 큰 특징은 정확한 학습 진단으로 알맞은 학습 출발점을 제시한다는 점이다. 이는 개인별·능력별 학습을 위한 기본 준비이기도 하다. 학습 출발점은 왜 중요할까? 아이에게 알맞은 학습 출발점은 학습의 성과를 높여주는 힘이 되기 때문이다. 너무 낮거나 높은 수준에서 시작하면 흥미를 잃고 자신감도 떨어진다.

재능회원이 되면 가장 먼저 진단평가를 받는데, 아이가 갖고 있는 현재의 학력을 정확히 파악하기 위해서다. 4학년이니까 무조건 4학년 문제를 풀게 하고, 5학년은 무조건 5학년 수준을 가르치는 식의 학습은 문제가 많다. 아이의 현재 실력을 모르는 상태로 앞으로의 학습방법과 진도, 문제점에 대한 대처법을 생각할 수 없다.

학교나 학원의 수업을 못 따라가는 아이들이 많은 것은 아이들 한 명 한 명의 실력 차를 무시하고 전체적으로 수업을 진행하기 때문이다. 출발점을 정확히 알아야 앞으로의 전략도 세울 수 있다. 같은 점수를 받았다고 해도 아이마다 틀리는 내용은 각양각색이다. 문제를 푼 시간과 총점만으로 평가해서는 필요한 학습을 알아내기 어렵다. 틀린 원인을 분석해서 어느 부분에 결손이 있는지 파악해야 아이에게 꼭 필요한 학습을 제공할 수 있다.

가장 쉽게 이해할 수 있는 학습단계 찾기

알맞은 학습 출발점이란 아이가 '가장 쉽게, 가장 잘 이해할 수 있는 학습단계'를 말한다. 어렵다고 느껴진다면 맞지 않는 것이다. '너무 쉬운 곳부터 시작하는 것이 아닌가?'라는 의구심이 들기도 하지만 그것은 어디까지나 어른의 생각일 뿐이다. 어렵지 않아야 흥미와 자신감을 가지고 시작할 수 있다. 시작부터 부담감과 절망감을 맛본다면 계속하고 싶은 마음이 들지 않는다.

진단평가를 할 때는 무엇을 알고 모르는지, 틀린 것은 원인이 무엇인지가 포인트가 된다. 똑같이 정답을 썼다고 해도 문제를 찍은 아이와 제대로 알고 쓴 아이는 다를 수밖에 없다. 똑같이 풀었다고 해도 30분이 걸린 아이와 3분이 걸린 아이의 실력도 같지 않다. 스스로학습법에서는 과학적인 평가시스템을 통해 전문적인 교사가 참여해 효과적으로 판단을 내린다. 선생님들은 아이의 글씨, 문제에 대한 적극성, 집중력, 틀린 문제는 어디서 어떻게 틀렸는지에 대해서도 눈여겨보며 실력을 파악한다.

학부모도 주의를 기울이면 아이의 실력을 좀 더 정확히 파악할 수 있다. 같은 문제를 반복해서 풀도록 했을 때 똑같이 정답을 작성하는지, 같은 시간이 걸리는지, 어느 정도 자신감을 보이며 집중하는지를 유심히 지켜보아야 한다. 답을 찾을 때 주저하거나 오래 고민하는 것은 그 문제에 대해 확실히 알지 못한다는 증거다. 이런 식으로 지켜보면 답안지만 보고 채점할 때보다 훨씬 많은 것을 알게 된다.

선행학습에 대한 오해

요즘 선행학습이 논란이 되고 있지만, 엄

밀한 의미에서 선행학습이라는 개념은 없다. 공부를 차곡차곡 해나간다는 것은 앞으로 나아간다는 의미다. 완전히 소화하면서 진도를 나간다면 초등학교 6학년이 중학교 1학년 수준을 공부한다고 해서 잘못된 것은 아니다. 오히려 자기 수준에 맞는 학습일 뿐 선행학습이라고 할 수 없다. 그런 의미에서 선행학습을 무조건 금지하는 것도 바람직하지 않다. 수준을 따라갈 수 있는 학생이라면 자기 학년을 앞서 공부해도 괜찮다. 이미 알고 있는 내용에서 맴돌고만 있으면 앞선 아이들도 학습에 흥미를 잃을 수 있다. 각자의 수준에 맞는 개인별·능력별 교육이 무엇보다 중요한 이유다.

그러나 과열된 경쟁에 떠밀려 소화하지도 못한 채 상위 학년의 수업을 받는 식의 선행학습은 문제가 있다. 모르는데 자꾸 어려운 걸 가르치는 선행학습은 아이를 위해서도 삼가야 한다. 어린이의 심리 발달 단계는 이전 단계를 건너뛰거나 무시할 수 없게 되어 있다. 이전 단계가 불충분한 상태에서 다음 단계를 진행하면 심리적 불안과 함께 많은 문제가 발생한다.

미국의 심리학자 에이브러햄 매슬로Abraham Maslow는 인간의 욕구를 5단계로 나누었다. 1단계는 생리적 욕구, 2단계는 안전에 대한 욕구, 3단계는 애정과 소속에 대한 욕구, 4단계는 자기존중의 욕구, 5단계는 자아실현의 욕구다. 이 역시 이전 단계의 욕구가 충족되어야 다음 단계로 넘어갈 수 있다. 학습도 마찬가지다. 그렇게 단계를 밟아갈 때 비로소 자연스럽게 스스로 학습할 수 있는 것이다.

◎

재능선생님은 티칭teaching이 아니라 코칭coaching하는 교육전문가다. 강의를 통해 지식을 전달하는 것이 티칭이라면 코칭은 개개인의 능력과 환경에 따라 적절한 도우미 역할을 하는 것이다. 아이의 가능성을 믿고, 따뜻하게 눈을 맞추고, 관심을 기울여주고 칭찬해주는 선생님이 있을 때 아이는 훨씬 큰 자신감을 갖게 된다. 이 과정에서 아이는 꿈을 꾸고, 꿈을 이루기 위해 스스로 노력한다.

4장

선생님은 드림코치다

01____

선생님은 가르치는 사람이 아니다

선생님의 역할이 중요한 이유

스스로학습법이 잘 운용되려면 스스로학습시스템, 재능선생님, 학부모가 삼위일체를 이루어야 한다. 선생님의 역할에 대한 이해는 학부모에게도 중요하다. 부모가 선생님의 역할을 이해하고 보완하려 노력할 때 더욱 효과적인 학습을 할 수 있기 때문이다. 또한 부모는 최고의 선생님인 만큼 자녀에게 가장 중요한 역할을 하는 사람이라는 사실을 잊지 말아야 한다. 선생님은 부모의 마음으로 아이를 바라보고, 부모는 선생님의 마음으로 아이의 교육을 바라보아야 한다.

선생님은 스스로학습교재를 가지고 아이들을 지도하는 역할을 한다. 부모가 관심을 기울이고 스스로학습교재가 아무리 좋아도 선생님이 아이를 잘 인도하지 못하면 효과는 떨어진다. 선생님은 아이에게 꿈을 심어주는 드림코치이자 좋은 습관을 심어주는 성공습관지도사의 역할도 한다. 선생님이 마음에 들면 선생님이 가르치는 과목도 좋아지고, 선생님이 싫으면 선생님이 가르치는 과목도 싫어진다.

학창 시절 선생님의 말 한마디가 한 사람의 인생을 바꿔놓기도 한다. 작가 박완서와 신경숙, 시인 정호승은 선생님으로부터 "글 잘쓴다"는 칭찬을 받고 소설가와 시인이 되었다는 공통점을 갖고 있다. 한편 미국의 맬컴 엑스Malcom X는 중학생 때 "흑인은 의사나 변호사보다 목수 같은 현실적인 직업을 갖는 게 현명하다"는 영어교사의 말에 충격을 받고 백인을 뼛속까지 증오하는 과격한 저항운동가가 되었다.

선생님은 티칭이 아니라
코칭하는 교육전문가

"선생님의 역할은 무엇일까?" 나는 오래 전부터 선생님은 아이들에게 단순히 지식을 전달하는 사람이 아니라고 생각했다. '가르치지 않는 교육'을 추구하는 이유이기도 하다. 교육은 스스로 배워서 익힌다는 뜻이고, 선생님의 역할은 그것을 도와주는 일이라고 믿는다.

소크라테스 '문답법'도 결국은 '스스로학습법'이라고 할 수 있다.

질문을 함으로써 학생이 스스로 모르는 것을 알아내게끔 유도하는 것이다. 모른다고 하면 조금 쉬운 질문을 하고, 또 모른다고 하면 그것보다 더 쉽게 질문을 한다. 이렇게 아는 부분에 도달할 때까지 스스로 질문에 답하게 하는 것이 소크라테스 문답법이다. 마찬가지로 좋은 프로그램은 학습자를 한 단계 한 단계 점진적으로 상승시키는 학습으로 유도해준다.

옛날 서당의 공부법도 일종의 스스로학습법이었다. 훈장이 책에 있는 것을 설명하고 외우게 하면 학생 스스로 책의 내용을 읽고 외우며 익혀나갔다. 서당은 전체 학습 분위기를 조성해서 학생이 공부하는 환경을 만들어주기만 했던 것이다.

처음 입사한 재능선생님들에게 나는 "우리는 가르치지 않습니다"라고 말했다. 그러자 모두들 고개를 갸웃거리며 의아해했다.

"우리가 하는 일은 가르치는 게 아닙니다. 우리 교재는 학습내용을 스스로 습득할 수 있도록 짜여진 교재임을 알려주고, 스스로 할 수 있도록 격려하는 것이 우리의 일입니다."

나는 선생님은 티칭teaching하는 게 아니라 코칭coaching하는 교육전문가라는 점을 강조한다. 교실이나 학원에서 많은 아이들에게 강의를 통해 지식을 전달하는 것이 티칭이라면 코칭은 개개인의 능력과 환경에 따라 적절한 도우미 역할을 하는 것이다. 아이들이 어려움을 겪거나 실망할 때 자신을 믿을 수 있도록 격려하고 기회를 주는 것이 선생님이 해야 할 일이다. 진심으로 아이를 믿는 마음으로 격려하면 아이는 분명히 달라진다.

"학부모님들과 상담할 때도 재능선생님은 다르다는 것을 잘 설명해드리세요. 학부모님들은 선생님의 역할이 '가르치는 것'이라고 생각합니다. 지금까지 그렇게 해왔으니까요. 하지만 재능선생님은 가르치지 않습니다. 아이들은 스스로 교재를 풀면서 배웁니다. 스스로학습교재의 프로그램만 따라가면 공부는 잘할 수 있습니다. 공부는 회원 스스로 하는 것입니다."

또한 이렇게도 강조한다.

"우리 선생님들은 일주일에 한 번씩 가서 10분 동안 아이의 학습을 '관리'해야 합니다. 지난주에 세웠던 학습계획대로 학습을 했는지 확인합니다. 우리가 하는 일은 회원이 스스로 학습계획을 세우고, 그것을 수행하고, 스스로 평가하여 다음 계획을 세울 수 있도록 훈련하는 겁니다."

선생님의 역할,
끌어주고 지켜보고 칭찬해주기

모든 수업에서 그렇듯이 프로그램식으로 구성된 스스로학습교재에서도 선생님의 역할은 매우 중요하다. 프로그램이 다 가르쳐준다고는 하지만 그 수업을 운영하는 선생님의 역할에 따라서 결과가 판이하게 달라진다. 나는 기회 있을 때마다 이렇게 설명한다. "스스로 학습하는 것이니 선생님은 그저 감독이나 하고 있는 것으로 생각하기 쉽지만, 결코 그렇지 않아요. 오히려 더욱 전문적인 선생님의 역할이 필요합니다. 프로그램에 의해 주어진 학습 목표와 학습이 학생에게 바르게 활용될 수 있도록 관리해야 해요. 개별 지도를 통해 선생님과 학생이 많은 상호작용을 할 수 있다는 것은 프로그램식 학습의 가장 큰 장점이지요. 많은 학생들을 상대해야 하는 일반 교실에서는 이루어질 수 없다는 사실을 명심하기 바랍니다."

사실 스스로학습 교재를 활용하는 수업이기 때문에 학생들이 학습하는 것을 지켜보기만 하면 되는 것처럼 보이지만 단지 기계적으로 감독하기만 하는 선생님과 그렇지 않은 선생님의 차이는 학생의 성취도를 크게 달라지게 만든다.

선생님은 안내자의 역할도 해야 한다. 그러려면 학생이 학습할 교재를 사전에 주의 깊게 읽어본 뒤 수업 시작 전에 무엇에 대해 공부해야 될지 금주의 학습 목표를 간단히 설명해주고 시작할 필요가 있다. 학생이 자신이 해야 할 학습 목표를 정리하며 되새길 수 있게 돕는 것이다. 또 학생이 학습 도중에 질문을 할 때 언제라도 답해주는 것도 선생님이 할 일이다. 이 과정에서 아이가 무엇을 어려워하고 이해하지 못하는지를 파악할 수 있으며, 아이의 부족한 부분을 체크할 수 있다.

1 대 1로 지도하다 보면 아이의 눈빛, 앉아 있는 태도, 문제 푸는 속도만 봐도 많은 정보를 얻을 수 있다. 그리고 아이에게 필요한 것이 무엇인지 즉시 파악할 수 있게 된다. 반대로 학생도 선생님의 눈

빛, 태도, 말투에서 많은 것을 읽고 영향을 받는다.

아이의 가능성을 믿고, 따뜻하게 눈을 맞추고, 관심을 기울여주고 칭찬해주는 선생님이 있을 때 아이는 훨씬 더 자신감을 갖게 된다. 선생님이 주는 칭찬이나 보상, 격려보다 아이들의 성공에 큰 영향을 주는 것은 없다. 아이들은 점수를 잘 받기 위해서, 부모의 인정을 받기 위해서, 여러 가지 이유로 공부한다. 하지만 무엇보다도 직접적이고 강력한 동기는 선생님의 인정을 받는 것이다.

02___

선생님은 꿈을
심어주는 드림코치

꿈꾸게 하고 이루게 하는 재능선생님

아이들은 꿈으로 가득 차 있다. 어린이를 꿈나무라고 하는 것도 이런 이유 때문이다. 선생님은 단순히 가르치는 교사가 아닌, 아이가 꿈을 꾸게 하고 이루게 만드는 역할을 한다. 아이들은 각자의 재능에 따라 장래에 대한 꿈이 있다. 내가 어릴 적에는 대부분 꿈이 대통령이나 대장, 장관이었지만, 요즘은 연예인, 요리사, 디자이너 등 다양한 직업들을 말한다.

아이들이 꿈을 꾸는 것은 중요하다. 무한한 가능성을 지닌 아이들은 어떤 꿈을 꾸고 있든지 꿈을 향해 목표를 정하고 정진해 나가면 이룰 수 있다. 아이들이 꿈을 이루는 데 기본이 되는 게 무엇일까? 바로 스스로 학습하는 습관이다. 무엇을 하든지 간에 스스로학습 습관으로 무장되어 있으면 꿈을 꾸고 실현할 수 있다.

나는 재능선생님들에게 "여러분은 학교 선생님과 다릅니다"라고 강조한다. 학교 선생님은 20~30명의 학생을 한꺼번에 가르쳐야 하므로, 학생 한 명 한 명을 1 대 1로 가르칠 수 없다. 학생은 개인별·능력별로 차이가 나는데 학교 선생님은 아이들 개개인에 맞춰 교육할 수 없으니 획일적으로 가르칠 수밖에 없다. 그래서 학교 수업이 끝나면 학생들이 학습지를 공부하거나 학원으로 가는 것이다. 게다가 학교 선생님은 학생들의 집을 방문하지 않는다.

재능선생님은 1주일에 한 번씩 가정을 방문하여 아이들을 지도하고 있다. 매주 아이들을 직접 만나기 때문에 선생님은 아이들의 성격, 장단점, 꿈에 대해서도 잘 안다. 아이들의 꿈이 무엇인지 물어보고 격려해주면 아이는 자신감을 갖고 공부도 열심히 하게 된다. 재능선생님은 아이들의 꿈을 이루게 하는 가장 기본을 가르쳐주기에 드림코치인 셈이다.

코칭의 첫 단계는 상대방을 지지하는 것

요즘 코칭이란 말이 부각되고 있다. 리더십은 "나를 따르라"는 일방적인 느낌을 주기 쉽지만 코칭은 쌍방향의 소통이다. 오늘날 코칭이 각광받는 이유이기도 하다. 코칭에서 중요한 것은 경청과 칭찬이다. 잘 들어주면 그 속에 답이 있다. 그 답을 찾아 인정해주고 칭찬해주면 된다.

재능선생님들 중에는 이를 실천하며 꿈을 키워주는 코칭의 대가들이 많다. 대표적인 모델로 경기 파주 교하운정지국 김은희 선생님을 들 수 있다. 김 선생님에게는 '칭찬의 달인'이라는 별명이 따라다닌다. 김 선생님은 아이들을 재능에 따라 수학박사, 영어박사, 피자박사, 국어박사, 한자박사, 동물박사, 식물박사, 상식박사 등 모두 박사로 불러준다. 그러니까 그녀는 '박사'들을 지도하는 선생님이다. 아이들이 가진 최고의 장점을 살려 박사라고 불러주니까 아이들이 무척 좋아한다. 아이들끼리 "넌 무슨 박사니?"라며 서로의 전공을 물어볼 정도라니 무슨 말이 필요하랴.

　"아이들은 칭찬을 먹고살아요. 칭찬과 격려는 선생님의 큰 역할 중 하나라고 생각해요. 저도 마찬가지지만 대부분의 부모님들은 자녀 칭찬에 인색한 편이죠. 익숙하지 않아서일 수도 있고, 아이가 자만하게 될까 봐 걱정이 되어서 그러는 분도 있을 거예요. 하지만 우리 아이들은 분명 '고래 이상의 능력'을 가지고 있어요. 칭찬은 고래도 춤추게 한다고 하잖아요. 칭찬을 통해 변해가는 아이를 보는 것만큼 보람된 일도 없죠. 재능선생님인 제 자신이 가장 멋져 보이는 순간도 바로 이때고요."

　김 선생님은 정말 아이들에게 꿈을 심어주고 키워주는 진정한 드림코치다. 칭찬받은 아이들은 더욱 열심히 공부하는 습관이 들어 스스로학습법의 실천자가 되고, 선생님 주변에는 공부하는 사람들이 늘어난다. 학생과 학부모에 대한 관심과 사랑은 김 선생님의 가장 큰 무기다. 학생 집을 방문할 때 책꽂이 하나도 허투루 보지 않는다고 한다.

　김은희 선생님처럼 아이들을 사랑하고 꿈을 심어주는 재능선생님들은 오늘도 드림코치라는 사명감과 자긍심을 갖고 아이들을 만나고 있다.

03___
재능선생님의 자녀는
왜 공부를 잘할까?

공부하는 방법을 잘 알고 있는 재능선생님

　　　　　　　부모가 공부 잘하는 방법을 알면 아이는
더욱 쉽게 공부 잘하는 길을 찾아갈 수 있다. 재능선생님의 자녀는
대부분 공부를 잘한다. 재능 임직원의 자녀들도 공부를 잘한다는 이
야기를 듣는다. 과학적인 교육시스템을 갖춘 교육회사에 다니고 있
어서 공부하는 방법을 잘 알기 때문이다. 특히 재능선생님은 직접
아이들을 지도하면서 아이들의 공부습관과 심리를 아는 까닭에 선
생님의 자녀는 환경적으로 공부를 잘하게 된다.
　공부는 습관이다. 앉아 있는 습관이 들고 예습과 복습을 잘하면
공부를 잘하게 된다. 아이가 공부습관을 익히는 데 있어 재능선생
님은 정말 좋은 조건을 갖추고 있는 셈이다. 재능학습지는 매일 과
목당 10분 정도씩 공부하도록 과학적으로 설계되어 있다. 아이가

교재를 밀리지 않고 매일 반복할 수 있으면 성공할 수밖에 없다. 선생님의 자녀가 공부 잘하는 비결을 보면 학부모에게도 많은 참고가 된다.

재능선생님의 자녀가
공부 잘하는 4가지 이유

첫째, 지도하는 방법을 통해 공부하는 방법을 알기 때문이다.

많은 아이들을 만나 관리하다 보면 공부하는 방법이 보인다. 개념과 원리 중시, 스스로학습법, 개인별·능력별 학습, 완전학습이라는 말 자체가 이미 공부 잘하는 방법을 알려주고 있다.

전남 목포 하당지국 주향희 선생님의 막내딸 영현 양은 초등학교 2학년 때부터 스스로학습교재로 공부의 기초를 다졌다. 지금은 이화여대 과학교육과에 다니는 영현 양이 과학에 흥미를 갖고 스스로 공부하게 된 데는 어머니의 영향이 컸다. 호기심과 흥미가 공부를 스스로 하게 하는 첫걸음이라는 것을 잘 아는 주 선생님은 딸에게 공부하라는 말 대신 "이 내용 정말 재미있지 않니?" "과학은 참 신기한 것 같아!"라는 말로 궁금증을 자극했다. 엄마의 기대대로 영현 양은 자연스럽게 공부에 호기심과 흥미를 가지게 되었다. "제가 과학 이야기가 재미있고 신기하다고 할 때마다 딸아이는 뭐가 그렇게 재미있는지 알고 싶어서 더 열심히 공부했다고 합니다." 공부에 대한 호기심을 불러일으키려 했던 주향희 선생님의 작전은 대성공이었다.

둘째, 채점과 관심의 중요성을 알기 때문이다.

경남 진해지국 한정 선생님은 학부모가 아이에게 채점을 해주는 게 스스로학습 습관을 길러주는 중요한 덕목이라고 강조한다. "저는 평소에 부모님들에게 채점의 중요성을 강조합니다. 부모님이 꼬박꼬박 채점하며 관심을 가져준 아이들은 오답률도 낮습니다. 그리고 아이가 교재를 밀리지 않도록 하는 데도 중요한 역할을 하기 때문에 아이가 스스로 공부하는 습관을 빨리 기를 수 있게 됩니다. 어릴 때부터 채점을 통해 질문하고 피드백하는 게 생활화되면 공부는 저절로 하게 되어 있습니다."

셋째, 복습을 통해서 개념과 원리를 이해하고 완전학습을 하기 때문이다.

재능선생님인 엄마는 채점을 하며 개념과 원리를 설명할 수 있고, 아이는 복습의 기회를 갖게 되며, 이 과정에서 완전학습을 체험할 수 있다. 강원 양구러닝센터 손인숙 선생님은 재능선생님을 하면서 자녀의 교육에 대한 답을 얻었다고 말한다. "재능선생님을 안 했으면 우리 아이 교육을 어떻게 했을지 막막했을 거예요. 그냥 시간만 보냈을 것 같은데, 지금은 적어도 내가 무엇을 해줄 수 있는지 알고 아이의 학습에 적극적으로 참여할 수 있어서 좋아요." 또한 공부 잘하는 비결을 이렇게 설명한다. "모든 공부는 복습이 중요합니다. 수

학의 경우 문제를 왜 틀렸는지 아는 것이 핵심이죠. 채점을 하며 틀
린 문제를 통해서 개념과 원리를 다시 점검합니다. 완전학습이 중요
한 것을 알기 때문에 이 과정에 특별히 더 관심을 갖죠."

넷째, 아이와 소통할 수 있기 때문이다.

채점을 하면 잘한 것은 칭찬하고, 못한 것은 다시 생각할 수 있도
록 격려해줄 수 있다. "실수란 공부에 있어서 잘못이 아니라 거쳐야
할 과정"이라고 말하며 응원해줄 수도 있고, 아이가 복습을 통해 틀
린 것을 극복하면 칭찬할 수 있다. 자연스럽게 아이와 소통할 수 있
는 것이다. 경기 신의정부지국 이지영 선생님은 "집에 와서 제일 먼
저 하는 일이 아이들 채점입니다. 아무리 늦게 집에 와도 설거지나
집안일보다는 아이가 매일 풀어놓은 학습지 채점을 우선시했습니
다. 채점을 통해 아이에게 피드백을 해주고 대화를 하며 공부에 흥
미를 갖게 하니까 스스로 공부하는 습관이 저절로 형성되더군요"라
고 말한다.

또 경기 동탄지국 김월미 선생님은 인성교육의 중요성을 강조한
다. "다른 아이들을 가르치다 보니 인성교육의 중요성도 느끼게 되
어 가족끼리 이야기를 많이 나누었습니다. 자기 할 일을 명확히 인
식시키고, 공부 역시 자기가 할 일이므로 책임감 있게 하도록 강조
했지요."

이렇듯 재능선생님의 자녀는 공부 잘할 수 있는 조건을 가지고 있
다. 채점, 복습, 소통을 통해 아이는 스스로 학습하는 아이로 성장
한다. 아이는 엄마가 '성적'이 아닌 '학습'에 관심을 갖고 있다는 것

을 알기 때문에 엄마와 공부에 대해 쉽게 소통한다. 재능선생님의 아이가 공부를 잘하는 것은 지극히 당연한 일이다.

선생님들은 아이의 미래를 책임지는 드림코치이고 성공습관지도사다. 우리나라의 미래는 바로 선생님의 어깨에 달려 있다. 동시에 학부모는 재능선생님의 자녀교육 사례를 통해 아이를 어떻게 교육시킬 것인지 방법을 터득할 수 있다. 부모의 관심과 시간을 전략적으로 투자할 수 있는 방법을 찾는 데 좋은 본보기가 될 수 있기 때문이다.

04___

인간관계 능력을 키워주는
'스스로학습지도법 10계명'

카네기 『인간관계론』에서 배운다

　　　　　스스로학습법을 꽃피우려면 스스로학습
시스템, 재능선생님, 학부모가 조화를 이루어야 한다. 그중에서도
선생님의 역할은 지대하다. 선생님은 아이와 학부모와 어떤 인간관
계를 맺느냐가 중요하다. 아무리 시스템이 좋아도 선생님과 아이들
과의 관계가 좋지 않으면 스스로학습법은 잘 구현되지 않는다. 나는
교육 사업을 하면서 인간관계의 바이블이라고 불리는 데일 카네기
Dale Carnegie의 『인간관계론』을 늘 가까이 두고 참고했다. 카네기가
말하는 인간관계의 노하우는 아이들을 대할 때도 무척 유용하다. 자
녀와 부모, 학생과 선생님 사이도 결국은 인간관계다. 아무리 옳은
이야기를 하고 도움이 되는 조언을 해도 상대방의 마음이 그것을 받
아들이려 하지 않는다면 소용없다. 부모의 가르침이 '잔소리'가 되고

선생님의 지도가 '꾸중'으로만 들리는 것도 이와 무관하지 않다.

　카네기는 '인간관계의 3가지 기본원칙'을 제시한다. 첫째, 비난, 비평, 불평하지 마라. 둘째, 솔직하고 진지하게 칭찬하라. 셋째, 다른 사람들의 열렬한 욕구를 불러일으켜라. 이는 아이들의 학습을 옆에서 돕는 부모나 선생님도 귀 기울여야 할 원칙들이다.

　우리 속담에 "아첨 앞에 장사 없고 비판 앞에 군자 없다"는 말이 있듯이 비판은 사람을 방어적으로 만들어서 스스로를 정당화하는 데 힘을 쓰게 만든다. 결점을 바로잡아주고 개선시키려는 의도에서 한 비판조차도 당사자에게는 거부감을 갖게 할 수 있다. 사람은 감정의 동물이다. 비난하기보다는 이해하고 공감하려고 할 때 소통도 쉽게 이루어진다. 카네기는 "꿀을 얻으려면 벌통을 걷어차지 말라"고 했다. 교육이라는 목적을 가지고 있다 해도, 비난과 질책이라는 방법 때문에 그 목적마저 망쳐버릴 수 있다는 점을 명심하자.

　누군가에게 어떤 일을 하게 하고 싶다면 방법은 한 가지뿐이다. 스스로 그 일을 원하도록 하는 것이다. 상대를 움직이게 하려면 상대가 바라는 것을 주는 것이 유일한 방법이다. 사람들은 누구나 중요한 사람이 되고 싶어 하고, 인정받으려는 욕망이 있다. 그 욕망을 채워줄 수 있는 방법이 칭찬이다. 비판이나 비웃음이 없이 솔직하고 진지한 칭찬은 아이들의 교육에도 빼놓을 수 없는 항목이다.

　스스로학습법은 궁극적으로 아이들에게 스스로 공부하려는 열렬한 욕구를 불러일으키는 것이다. 그 욕구가 시들지 않고 지속적으로 이어질 수 있도록 돕는 것이 선생님과 부모의 역할이다. 그러려면 철저히 당사자인 아이의 입장이 되어야 한다. 아이의 입장에서 아이를 바라볼 때 아이가 무엇이 불만족스럽고 무엇을 원하고 있으며 어떻게 하면 얻을 수 있는지 알 수 있다.

스스로학습 지도를 위한 10가지 계명

카네기가 강조한 위의 원칙들을 토대로 나는 동서양의 교훈을 보완하여 '스스로학습지도법 10가지 계명'을 만들었다. 각 계명마다 이해를 돕기 위해 재능선생님의 사례를 하나씩 소개한다. 이 10가지 계명은 선생님들이 학생들을 대하는 태도와 행동의 기준점이 되고 있다. 선생님을 단순히 '가르치는 사람'이 아니라 '드림코치'가 되게 하는 것도 10가지 계명 덕분이다. '스스로학습지도법 10가지 계명'은 카네기의 『인간관계론』의 영향을 받아 선생님들을 위해 만든 것이지만 모든 인간관계에 효과적인 방법들을 담고 있다. 선생님과 학생뿐 아니라 가정에서, 학교에서, 직장에서, 관계의 기본으로 활용될 수 있을 것이다.

(1) 진심으로 칭찬하고 격려하라

다교등알묘多敎等揠苗 대찬승달초大讚勝撻楚
막위거우미莫謂渠愚迷 불여아안호不如我顔好
"많이 가르치는 것은 싹을 뽑아 웃자라게 하는 것과 마찬가지며,

큰 칭찬이 회초리보다 오히려 낫네. 자식한테 우매하다 말하지 말고 차라리 좋은 낯빛을 보이게나." 퇴계 이황이 어린이 교육을 위해 읊은 「훈몽訓蒙」이라는 시다.

퇴계도 이처럼 칭찬의 중요성을 역설했다. 무리하게 가르치는 것은 빨리 자라게 하려고 싹을 억지로 잡아 뽑는 것과 같다는 것이다. 조바심 내며 강압적으로 시키는 순간 아이는 공부에서 점점 더 멀어져만 갈 것이다. 대신 '좋은 낯'으로 칭찬하고 격려해야 한다. 칭찬과 감사, 격려의 말은 잠재된 가능성을 계발시킨다. 칭찬은 구체적이고 진지할 때 가슴에 와 닿는다. 작은 진전에도 즉각적으로 칭찬하면 인정받으려는 욕구가 충족됨으로써 자신감이 높아진다.

이때 칭찬의 내용과 태도도 중요하다. 칭찬은 함부로 하면 안 된다. 아이는 3살만 되면 모든 인간의 감지 능력을 가지고 있을 뿐 아니라 자기주도권도 가지고 있다. 그렇기 때문에 어른의 한마디가 마음에서 우러나와서 하는 칭찬인지 아닌지 쉽게 감지한다.

선생님의 칭찬도 마찬가지다. 호기심을 불러일으키고 자발적으로 발전하려는 의욕을 일으키며 자신감을 길러줄 수 있는 내용이 무엇인지, 신중하게 생각해서 칭찬해야 한다. 또한 한 번 하고 마는 일시적인 칭찬은 효과가 없다. 지속적으로 칭찬해줄 수 있는 거리를 찾아서 일관성을 가지고 같은 행동에 대해 칭찬을 해줘야 한다.

자신감을 키워주는 칭찬의 힘

- 윤초록 재능선생님 (광주 봉선지국)

아이들을 향한 애정과 교육에 대한 열정을 가진 윤초록 선생님의 수업 시간은 에너지가 넘친다. 아이들의 작은 발전도 아낌없이 칭찬하며 끊임없이 동기를 부여한다. 아이들의 표정이나 사소한 행동뿐 아니라 머리핀, 장난감 하나도 놓치지 않고 관심을 갖는다.

"평상시에는 밝고 큰 목소리로 수업을 하지만 가끔 귓속말을 하거나 속삭이듯 말하면 아이들이 즐거워하고 집중을 더 잘하더라고요."

아이들은 선생님이 자신을 특별하게 대해주는 것, 칭찬해주는 데서 자신감을 얻는다. 그것이 동기가 되어 스스로 학습하려는 의지를 보여준다.

"실수한 부분도 항상 칭찬을 먼저 하려고 해요. 그러다 보니 아이의 실력도 쑥쑥 향상되고, 수업 시간도 즐거우니까 학부모의 만족도 커지는 것 같아요."

아이들의 변화를 눈앞에서 지켜보는 것이 윤초록 선생님의 기쁨이다. 공부를 싫어하던 아이가 재능교육의 스스로학습교재는 재미있다고 할 때, 늘 미루던 아이가 부지런히 공부할 때, 오답이 절반 이상이던 아이의 답안지가 정답으로 채워질 때, 아이에게 관심을 보이지 않던 학부모가 아이의 학습교재를 채점해주고 사소한 것까지 조언을 구할 때 느꼈던 기쁨이 지금의 윤 선생님을 있게 했다.

(2) 아이들의 관심사를 말하라

미국의 석유왕 존 록펠러John Davision Rockefeller는 만나는 모든 사람들에게서 장점을 찾아내려고 노력했다고 한다. 또한 그들에게 진심으로 찬사를 보내고 감사를 표시했다.

"세상사람들은 자기가 원하는 것에만 관심을 갖는다. 남이 원하는 것에는 관심이 없다. 따라서 다른 사람을 움직일 수 있는 유일한 방법은 그들이 원하는 것에 관해 이야기하고 그것을 어떻게 하면 얻을 수 있는지 보여주는 것이다."

사람들은 자신에게 관심을 보이는 사람에게 관심을 갖는 법이다. 상대방이 가장 흥미를 느끼고 소중하게 생각하는 것에 대해 이야기하면 그의 관심과 협조를 얻을 수 있다. 관심의 표현은 진지해야 하며 쌍방 모두에게 이익이 되어야 한다. 이것이 바로 록펠러를 성공으로 이끈 비결 중 하나였다.

마찬가지로, 아이를 변하게 하려면 아이의 입장이 되어야 한다. 아이의 흥미가 어디에 있는지, 관심사가 무엇인지 찾아내야 한다. 그것을 진지하게 이야기할 때 아이들은 비로소 마음을 열 것이다.

인간관계 사례 2

아이의 낯가림을 허물어뜨리는 선생님의 관심

– 김명자 재능선생님 (서울 송파지국)

아이들은 자라면서 주변 사람들과의 상호작용을 통해 자신이 사랑받을 만하고 가치 있는 사람이라는 것을 배워나간다. 이런 과정을 통해 자존감이 발달하고 자신이 능력 있고 책임감 있는 사람이라는 것을 깨닫는다. 이때 아이에게 생기는 능력과 책임감에 대한 믿음이 바로 자신감이다.

스스로와의 약속을 잘 지키고 자신감 넘치는 7살 한율이도 처음부터 그랬던 건 아니었다. 유난히 낯을 많이 가렸던 한율이는 타 학습지 선생님과 체험 수업을 할 때 수업에 집중하지 못했다. 하지만 신기하게도 김명자 선생님과의 만남은 처음부터 달랐다. 낯선 사람 앞에서 눈물을 쏟던 한율이도 김 선생님과 함께 할 때는 울지도 않고 놀이처럼 받아들이며 즐거워했다.

무슨 학습지를 할까 고민하던 엄마 이유리 씨는 그날로 재능교육과 인연을 맺었다. 교재가 좋다는 것은 이미 알고 있던 터라 망설일 이유가 없었다. 엄마는 좋은 선생님을 만난 것도 큰 행운이라고 말한다. "교재도 좋지만 재능선생님이 잘 이끌어주셔서 즐겁고 신나게 공부할 수 있는 것 같아요."

낯을 가리던 한율이는 어떻게 김명자 선생님을 받아들였던 것일까? 김 선생님이 아이의 마음을 읽고 아이의 관심사에 대해 먼저 이야기를 걸어주었기 때문이다. 그래서 김 선생님은 아이에게 질문도 많이 한다. 질문은 아이가 정말 하고 싶은 말, 관심 있어 하는 것을 한층 깊이 파악할 수 있게 해준다.

"이 일을 하면서 깨달았어요. 수업할 때는 선생님보다 아이 목소리가 더 많이 나와야 한다는 걸요. '우리 선생님 정말 최고야'보다

'선생님, 왜 이렇게 되죠? 다르게 풀 수는 없나요?' 하며 질문하는 목소리가 가득해야 돼요."

아이들과 만나는 시간이 더없이 즐겁다는 김명자 선생님의 마음은 아이들에게 그대로 전해진다.

(3) 아이들의 생각과 욕구에 공감하라

사람은 누구나 이해받기를 원한다. 상대의 마음에 공감하고 이해해주면 그들 또한 자신에게 좋은 감정을 갖게 된다.

영국의 역사가 토머스 칼라일Thomas Carlyle은 "위인은 소인을 다루는 태도에서 그의 위대함을 나타낸다. 사람들을 비난하기보다 그들을 이해하도록 노력하자. 그들이 왜 그런 행동을 했는지 구체적으로 파악해보자. 그렇게 하는 것이 훨씬 유익하고 흥미롭다. 그렇게 되면 동정심과 인내와 온유함이 길러진다"라고 했다. 모든 것을 알게 되면 모든 것이 용서된다는 말도 있다. 어떤 사람이 생각하고 행동하는 데에는 나름대로 이유가 있다. 그 이유를 알게 되면 그의 행동과 인간성까지도 이해할 수 있다. 상대방의 생각과 욕구를 중요하게 여기고 있다고 공감해줄 때 진정한 협력을 얻을 수 있다.

지도자의 입장에서 아이를 내려다보는 대신 아이의 눈을 가질 필요가 있다. 내 생각과 기준으로 아이를 대하지 않고 아이의 눈으로 바라봐야 한다. 그때 보이는 세상은 내가 보던 세상과 다를 것이다. 바로 그 기준으로 아이를 이해하고 아이와 공감해야 한다. 그럴 때 아이가 원하는 것, 아이에게 필요한 것이 보인다.

닫혔던 마음을 여는 비법, 공감

– 김성민 재능선생님 (경북 포항지국)

서울 남자인 김성민 선생님이 경상도에서, 그것도 여선생님들 사이에서 당당하게 자신의 자리를 만들어갈 수 있었던 비법은 '공감'이었다.

"동료 선생님들과 공감하고 통하려고 노력하다 보니 회원과도, 회원 어머니들과도 자연스레 소통하는 법을 익힐 수 있었어요."

김 선생님은 아이들에게 유난히 질문을 많이 한다. 다름 아닌 '공감'을 위해서다. 학부모와 상담하기 전에도 항상 아이와 먼저 상담한다. "이거 풀 때 어떤 점이 어려웠어?" "너는 어떻게 공부하는 게 재밌니?"라고 물으면 아이들은 금세 닫혔던 마음을 열고 어떤 것이 어려운지, 왜 하기 싫은지 사소한 점까지 다 보여주곤 한다. 김 선생님은 아이와 충분히 대화하면 스스로학습에 대한 동기를 유발할 수 있을 뿐 아니라 아이가 부모와 소통하는 데도 도움이 된다고 말한다.

"학교 선생님들은 1년에 한 번 하기도 힘든 가정방문을 저희는 매주 하잖아요. 서로 잘 소통하지 못하는 부모와 자녀도 있어요. 아이들과 터놓고 이야기하다 보면 부모님에 대한 아이들의 마음을 알게 됩니다. 부모님과 상담을 할 때 조심스럽게 아이 마음을 알려주고 다리 역할을 하기도 합니다."

아이들은 엄마에게 하지 못하는 이야기도 김 선생님에게 스스럼

없이 털어놓는다. 선생님에 대한 신뢰가 쌓일수록 공부에 대한 아
이들의 관심도 높아지고, 김 선생님의 기쁨도 커진다.

(4) 스스로 중요한 사람임을 느끼게 하라

부처는 "하늘 위와 하늘 아래에서 오직 내가 홀로 존귀하다(천상천
하유아독존, 天上天下唯我獨尊)"고 외침으로써 인간이 얼마나 귀한 존재
인지 역설했다. 사람은 누구나 고귀하고 유일한 존재다. 그리고 누
구나 자신이 어떤 점에서는 타인보다 뛰어나다고 생각한다. 그것을
인정해주어야 한다. 내가 당신의 중요성을 알고 있다는 것을 그가
느낄 수 있도록 성실한 태도로 인정해주어야 한다는 것이다. 아이들
도 칭찬받고 인정받을 때 그 기대만큼의 사람이 되고자 한다. 그래
서 말썽꾸러기가 학급반장으로 뽑히면 의젓하게 책임감을 발휘하는
경우도 많다.

이때 주의할 점은 진심으로 상대의 가치를 인정해야 한다는 것이
다. 사람들은 경박한 아첨은 바로 알아본다. 아이들도 마찬가지다.
입에 발린 칭찬인지, 진심에서 우러나오는 인정인지, 본능적으로 느
낀다. "내가 만나는 모든 사람은 어떤 점에서는 나보다 앞서 있다.
그 점을 나는 그들에게서 배워야 한다"는 미국의 시인 랠프 월도 에
머슨Ralph Waldo Emerson의 말처럼 그런 마음으로 상대를 대한다면
진심 어린 존중과 인정도 따라올 것이다.

아이의 긍정적인 면을 먼저 바라보는 눈

– 황경아 재능선생님 (경기 화성 봉담지국)

황경아 선생님의 휴대폰은 학습 상담 요청 전화로 뜨겁다. '좋은 학습지 선생님 소개해주세요'라는 봉담지역맘 온라인 카페 게시글에는 "재능교육 황경아 선생님을 추천합니다"라는 댓글이 유난히 많다. 엄마들의 추천이 꼬리에 꼬리를 물기 때문이다. 황경아 선생님은 회원의 모든 것을 파악하기 위해 애쓴다. 그리고 아이들을 있는 그대로 받아들이고, 아이들의 발전과 노력을 인정해준다. 그런 선생님의 태도에 아이들이 반응해서 변화하고, 그런 모습을 본 엄마들이 황 선생님을 신뢰하며 적극 추천하고 있는 것이다.

"선생님, 우리 애는 너무 산만해요. 집중도 잘 못해요." 처음 만난 10명 중 8명의 학부모는 이렇게 말한다. 하지만 황 선생님의 생각은 다르다. "어른들 눈에는 불편해 보일지 몰라도 산만하다는 것은 호기심 많다는 거예요. 궁금한 게 많은 거죠. 저는 항상 아이들의 그 부분을 먼저 해결해주고 수업을 해요."

황 선생님은 수업 중이라도 아이들이 궁금해하는 게 있으면 시간을 낸다. 바쁘다는 핑계로 아이들의 말을 무시하지 않는다. "뭐가 궁금하니? 알고 싶은 게 뭐야? 장난감 만져보고 싶어?" 유아들은 물건에 집착이 강하기 때문에 아끼는 장난감을 보이는 곳에 두면 수업에 집중을 못한다. 엄마들 눈에는 이런 아이들의 모습이 단점으로 보이겠지만, 황 선생님은 아이의 마음을 읽고 호기심을 발견한다.

"저는 엄마들에게 항상 아이의 긍정적인 면을 보려고 노력해야 한다고 말씀드려요." 호기심을 충족시키며 새로운 것을 알아나가는 것이 공부다. 아이가 하나씩 알아가며 세상을 배우는 과정을 있는 그대로 인정하며 이해해주는 선생님. 이런 황 선생님 덕분에 아이들은 '할 수 있다'는 자신감을 갖고 공부를 즐겁게 받아들인다.

(5) 비난, 비평, 불평하지 마라

모든 인간은 인정받으려는 본능이 있다. 그렇기 때문에 누군가에게 비판받으면 자신을 방어하고 정당화하려고 안간힘을 쓴다. 비판은 감정을 상하게 하고 사기를 저하시킬 뿐 상황은 개선되지 않는다.

미국 건국의 아버지로 불리는 벤저민 프랭클린Benjamin Franklin은 "나는 어떤 사람에 대해서도 나쁜 점을 이야기하지 않는다. 사람들의 좋은 점에 대해서만 이야기한다"라고 말했다.

사람들은 칭찬을 갈망하는 것만큼이나 비난을 두려워한다. 아이들의 태도를 교정하는 목적이 있다고 해도 비난보다 칭찬이라는 방법을 선택해야 한다. 사람의 능력은 비난 속에서 시들지만 격려 속에서는 찬란히 꽃피우는 법이다. 나쁜 점은 최소화하고 좋은 점을 더 많이 이야기하자.

사춘기 회원의 눈물

— 권영숙 재능선생님 (충북 충주지국)

사춘기는 누구나 거친다. 부모도 분명 그 시기를 거치며 반항도 하고 투정도 부렸겠지만 사춘기를 맞은 자녀의 태도는 낯설고 당혹스럽다. 선생님들에게도 사춘기 아이를 대하는 일은 결코 쉽지 않다. 예민한 감정을 건드릴까 조심스럽고, 말 한마디도 더 신중하게 된다.

 교재 밀림이 심했던 사춘기 회원을 처음 만났을 때, 권영숙 선생님도 솔직히 걱정스러운 마음이 들었다. 아이는 세상 모든 것과 싸우고 싶은 듯 불만도 가득해 보였고 공부에 관심도 부족했다. 그러나 선생님은 비난하거나 잔소리하려 들지 않았다. 대신 아이의 입장을 이해하고 다독이며 공부의 필요성에 대해서 이야기했다. 그러자 갑작스럽게 아이가 눈물을 뚝뚝 떨어뜨리는 게 아닌가. 놀랍게도 그다음부터 교재를 밀리지 않았다. 어른들은 비난하고 강요하고 야단만 치려든다는 선입견을 가지고 있던 아이의 마음을 자신을 믿어주는 권 선생님이 변화시킨 것이다.

"아이들을 변화시키는 것은 비난이나 질책이 아니라는 것을 알게 됐죠."

그러다 보니 학부모님이 나서서 홍보를 해준 적도 있다. "낯선 번호로 3명이나 전화가 와서 회원으로 가입했어요. 아이에게 칭찬으로 자신감을 주어 학습능력이 향상되니 어머님이 기쁘셨는지

다른 어머님들께 저도 모르게 소문을 내주신 거예요."

긍정적인 눈으로 아이들을 바라봐주는 권영숙 선생님의 소문은 회원 부모님들을 통해 지금도 멀리 전달되고 있다.

(6) 내면의 욕구를 불러일으키게 하라

강요를 통해서 상대를 움직이는 것은 일시적이다. 강매에 의해 억지로 물건을 산 사람이 충성스러운 소비자로 남기는 어렵다. 자동차 왕 헨리 포드는 "성공의 유일한 비결은 다른 사람의 생각을 이해하고, 당신의 입장과 아울러 상대방의 입장에서 사물을 바라볼 줄 아는 능력이다"라고 말했다. 소비자에게 물건을 사게 하려면 소비자의 마음이 되어서 어떤 필요가 있으며, 어떤 물건을 사고 싶은지 헤아려야 한다. '팔고 싶은 마음'만 앞세우면 세일즈는 실패다.

아이를 공부시키고 싶을 때도 부모나 선생님의 입장에서 '공부해서 좋은 점'을 이야기해봐야 소용없다. 먼저 아이의 마음에 열렬한 욕구를 불러일으켜야 한다. 명령에 의해 아이를 움직이게 하지 말고 아이가 자발적인 의지로 움직이게 해야 하는 것이다. 명령 대신 제안이나 요청을 하면서 자존심을 세워주고 중요성을 느끼게 해주면 반감 대신 협조를 얻을 수 있다. 그리고 이 일을 하면 어떤 이익이 돌아갈지 질문을 통해 상대가 스스로 깨우치도록 해야 한다.

질문을 할 때 아이가 처음부터 긍정적으로 답하도록 대화를 이끄는 것도 중요하다. 가능하다면 "아니오"라고 답하지 않도록 질문해야 아이의 자발적 의지를 불러일으킬 수 있다.

예쁘게 앉으면 글씨도 더 예쁘게 써지겠지?

– 성순옥 재능선생님 (경남 서진주지국)

성순옥 선생님에게 관리 시간은 공부를 가르치는 게 아니라 습관을 잡아주는 시간이다. 학습태도가 좋지 않은 회원에게도 직접적으로 강요하기보다 넌지시 질문을 던지거나 동기를 부여해 습관을 잡아주려 한다. 의자에 앉는 태도도 바르지 않고 글씨를 예쁘게 쓰지 않는 아이에게는 "글씨를 예쁘게 써"라고 말하기보다 "예쁘게 앉으면 글씨도 더 예쁘게 써지겠지?"라고 말한다.

성 선생님은 아이들이 스스로 바꿀 수 있도록 다양한 내용으로 요청한다. '소리를 지르지 않을 때' '관리 시간에 예쁘게 앉아 있을 때' '연필을 예쁘게 잡을 때'마다 스티커를 주며 아이들을 격려한다.

책상 정리를 하려고 마음먹었다가도 엄마가 "책상 정리 좀 해라!"라고 말하면 하기 싫어지는 게 아이들 심리다. 강요가 싫은 것이다. 그렇기 때문에 성 선생님은 질문이나 요청으로 아이들에게 다가간다. 그러면 아이들의 태도도 달라진다. 태도가 달라지면 성적도 눈에 띄게 향상된다. 공부에 자연스레 매진할 수 있게 되는 것이다.

(7) 따뜻한 미소로 이름을 불러줘라

이름은 그 사람에게 가장 기분 좋고 중요한 단어이므로 이름을 기억하고 불러줘야 한다. 프랭클린 루스벨트Franklin Roosevelt 대통령은 "다른 사람의 호의를 누릴 수 있는 가장 간단하고 분명하면서도 중요한 방법은 그들의 이름을 기억하여 그들로 하여금 중요한 느낌이 들도록 하는 것"이라고 했다. 카네기도 "친구들과 사업 동료들의 이름을 기억하고 자주 불러주며 높이 존중해준 것이 성공의 한 가지 비결"이라고 말했다. 상대의 마음을 사고 싶으면 관심을 갖고 이름을 자주 불러주어야 한다. 이름은 개개인을 차별화시켜주며 많은 사람들 중에서 고유한 존재로 만들어준다. 이름을 부르면 전달하려는 정보나 요구 사항이 특별한 의미를 지니게 된다. 또한 누군가의 이름을 기억하고 불러준다는 것은 그만큼의 관심을 의미한다. 이렇듯 이름에는 마술적인 힘이 있다.

관심과 호감의 또 다른 표현은 미소다. "가장 멋진 화장은 미소다"라는 말이 있듯이 따뜻한 얼굴의 표정이 잘 입은 옷보다 중요하다. 억지로라도 미소를 짓도록 노력하다 보면 마음도 따라서 웃음 짓는다. 행복한 것처럼 행동하면 정말 행복해진다고 하지 않는가? 최근에는 힘들고 어려운 사람들에게 용기를 주는 웃음 치료사가 각광을 받고 있다. 원래 웃음 치료는 암환자들을 위해 시작되었다고 한다. 시한부 인생인 암환자들은 웃을 일이 없다. 그런데 암환자들이 웃으면 치유 효과가 있다는 것이 밝혀졌다. 한국웃음연구소 웃음 치료사 이요셉 소장은 "우리 뇌는 그냥 웃는지, 좋아서 웃는지, 구분하지 못해요. 무조건 웃으면 뇌는 기분 좋을 때 나오는 엔도르핀이 분비되기 때문에 암이 완치되는 경우도 있어요. 무조건 웃어야 합니다"라고 강조한다.

마찬가지로 따뜻한 미소로 이름을 불러줄 때 아이들도 긍정적인 마음이 된다. 그때 전달되는 메시지는 훨씬 더 쉽게 흡수될 것이다.

아이에게는 즐거움을, 부모에게는 신뢰를

– 조평숙 재능선생님 (경기 광명 하안지국)

조평숙 선생님은 어려서부터 교육자가 되는 것이 꿈이었다. 유치원 교사가 된 후 아이들을 만나는 것은 좋았지만 그녀가 꿈꿔온 일과는 달랐다. 아이와 교육, 이 두 가지를 만족시킬 일을 찾던 조평숙 선생님은 재능교육과 만나게 되었다. 재능교육의 우수한 스스로학습시스템에 대해 알게 되면서 비로소 진정한 선생님이 될 수 있지 않을까 하는 기대감과 설렘으로 재능선생님이 되었다.

특유의 밝고 긍정적인 성격 때문일까? 조 선생님은 유아 회원이 대부분이다. 선생님은 수업을 하러 들어가기 전 표정과 목소리부터 가다듬는다. 밝은 얼굴과 명랑한 목소리는 아이들과 기분 좋은 만남을 만든다. 미소로 맞아주는 선생님을 아이들도 미소로 반긴다. 노래나 손동작 유희와 함께 진행되는 수업시간 동안 아이들의 웃음소리가 끊이지 않는 건 기본이다. 이렇게 재미있게 수업을 진행하다 보니 회원 아이들의 열렬한 지지를 받는 인기 선생님이 되는 건 당연하다.

이처럼 수업 시간은 재미있게 진행하지만 학부모 상담 시간에는 누구보다 진지하다. 조 선생님은 수업이 끝나면 교재의 어느 곳이 중요한 부분인지 한눈에 알아볼 수 있도록 표지 앞에 다시 한 번 메모를 남기고 어머니와 상담을 통해 핵심을 짚어준다. "아이들과는 즐거운 수업, 학부모에게는 꼭 필요한 수업이 될 수 있도록 하는 게 제 목표입니다." 수업할 때마다 반가워하는 아이들과 선생님이 최고라며 믿어주시는 어머님들을 보면 조 선생님의 목표는 이미 현실이 된 듯하다.

(8) 마음을 열고 진지한 태도로 경청하라

진심으로 경청하는 태도는 다른 사람에게 보일 수 있는 최고의 찬사 가운데 하나다. 경청은 생각보다 쉽지 않다. 중국 송나라 구양수 歐陽脩의 시에 "마음 맞는 친구와 마시는 술은 천 잔도 부족하고, 말이 통하지 않는 사람과의 대화는 반마디도 지겹다(주봉지기천배소 화불투기반구다, 酒逢知己千杯少 話不投機半句多)"라는 구절이 있다. 나와 다른 생각을 가진 사람의 이야기를 끝까지 듣는 데는 인내심이 필요하다. 중간에 끼어들어서 이야기를 끊어버리고 싶은 마음이 불쑥불쑥 들지만 그것을 참고 상대에게 집중하며 마음을 열어야 한다.

사람들은 말을 잘하는 사람보다 남의 이야기를 잘 듣는 사람을 높이 평가한다. 고대 로마의 시인 푸블릴리우스 시루스Publilius Syrus가 "우리는 우리에게 관심을 갖는 사람에게 관심을 갖는다"라고 말했듯이 사람들은 자신에게 관심을 갖는 사람에게 마음을 연다.

어른들은 아이들에게 많이 이야기해주려고 한다. 그러나 그보다 중요한 것은 많이 들어주는 일이다. 질문을 할 때도 아이들이 대답하기 좋아하는 질문을 하고, 아이들의 생각이나 소망을 말하도록 격려해주어야 한다. 그리고 귀 기울여 잘 들어주어야 한다. 자신이 존중받고 관심 받고 있다고 생각할 때 아이도 비로소 우리의 말에 관심을 기울일 것이다.

인간관계 사례 8

대화 속에 답이 있다

– 이경숙 재능선생님 (서울 상계지국)

"장기적인 회원 관리를 위해서는 지속적인 상담이 중요해요. 저는 부모님께 학습 상담 외에 아이의 개인적인 부분도 많이 질문해요. '요즘 학교생활은 어떤가요?' '엄마 아빠와의 관계는 어때요?' 회원에 대해 시시콜콜한 것까지 상담을 하다 보면 아이의 학습 현황도 파악하고 어떻게 관리하면 좋을지 관리 방향을 설정할 수 있어요. 무엇보다 아이와 더 깊이 있는 대화를 나눌 수 있는 계기가 되더라고요."

이경숙 선생님은 부모님과의 상담 내용을 통해 아이들과도 더 많이, 더 깊게 대화를 나눈다. "요즘 어때?" "고민하고 있는 일 없어?" "공부하는 건 어때?" "어떤 부분이 어려운지 선생님한테 말해줄래?" 정겨운 대화가 늘어갈수록 아이와의 유대 관계는 끈끈해진다. 아이들과의 대화에는 귀와 마음을 더욱 활짝 열어둔다. 자신들이 말하는 사소한 내용들까지 선생님이 귀담아 들어주고 기억해줄 때, 아이들은 한걸음 더 다가와 자신의 이야기를 털어놓는다. 그렇게 돈독해진 관계는 이 선생님이 처음 만난 회원의 90% 이상을 1년 이상 유지하는 원동력이 되었다.

이 선생님이 경청하며 대화하는 대상은 회원과 학부모만이 아니다. 매일 관리가 끝나면 지국 사무실에서 선후배 선생님들과 그룹 대화를 한다.

대화 속에서 답도 얻고 스트레스도 해소하고 서로에게 힘이 된다. 내 말을 진지하게 들어주는 상대가 있다는 것만큼 든든한 일은 없다. 회원과 학부모와 동료들의 말에 진심으로 귀를 기울이며 이경숙 선생님은 그들에게 에너지를 공급하는 충전소의 역할을 하고 있다.

(9) 도전의욕을 고취시켜라

인간의 행동은 마음속의 강한 욕구에서 비롯된다. 지그문트 프로이트Sigmund Freud의 말대로 위대해지고 싶은 욕망은 인간을 움직이는 강한 동기다. 사람이 어떤 행위를 하는 데는 2가지 이유가 있다. 하나는 그럴듯하게 보이려는 이유이고, 다른 하나는 진짜 속마음이다. 진짜 이유는 당사자가 이미 알고 있기에 타인이 그 점을 굳이 강조할 필요는 없다. 사람들은 자신이 훌륭한 사람이라고 평가하고 있기 때문에 그럴듯해 보이는 이유를 좋아한다. 그래서 고매한 동기에 호소해야 한다. 그래야 변화가 일어난다.

"야단맞지 않으려면 잘해야지"라는 이유보다 "넌 마음만 먹으면 해내는 아이잖아!"라는 이유가 도전 의욕을 더욱 고취시킨다. 스스로 하고자 하는 의욕이 생기도록 아이들에게 동기를 부여하는 것이 선생님의 일이다.

인간관계 사례
9

선생님은 너의 성장을 돕는 친구

– 배현주 재능선생님 (서울 수지지국)

"오늘은 곱셈구구를 응용한 문제를 풀어볼 건데, 좀 어려울지 모르지만 빈 네모를 사용해서 한번 도전해봐요."

〈재능수학〉 교재를 책상 위에 올려놓은 배현주 선생님이 구구단 응용문제를 가리키며 이렇게 말했다. 도전이라는 말에 초등학교 2학년 하준이는 연필 든 손에 힘을 주고 개념이 설명되어 있는 부분을 집중하면서 읽어 내려갔다. "사탕 7봉지를 샀습니다. 봉지를 뜯어서 세어보니 모두 35개였습니다. 사탕은 한 봉지에 몇 개씩 들어 있습니까?" 하준이는 먼저 문제를 찬찬히 읽어보더니 □를 사용하여 곱셈식으로 나타내었다. $7 \times \square = 35$.

"선생님, □에 들어가는 수는 5예요. 그러니까 사탕은 한 봉지에 5개가 들어 있어요. 맞아요?"

문제를 다 푼 하준이는 뿌듯한 얼굴로 선생님을 바라보았다.

"와, 박수. 맞아. 정말 잘 풀었어. 대단한데. 다른 애들은 어려워 하는 문제였는데, 하준이가 도전에 성공할 줄 알았다니까."

배 선생님은 교재 겉표지에 '재능수학박사 김하준, 최고, 정말 멋 져요'라고 크게 써주며 말했다. 배 선생님의 칭찬에 하준이의 얼 굴이 환하게 밝아졌다.

공부를 마친 선생님이 가방을 들고 일어날 준비를 하자, 하준이가 선생님을 붙잡는다.

"수학이 재미있어요. 공부 더 해요."

"이렇다니까. 우리 하준이는 수학을 정말 좋아해. 아무리 좋아도 쉬면서 해야 해요. 오늘 공부 많이 했으니까 선생님 가고 나면 꼭 쉬어야 해. 알았지요?"

(10) 논쟁을 피하고 우호적으로 말하라

카네기는 "논쟁에서 최선의 결과를 얻을 수 있는 유일한 방법은 그것을 피하는 것"이라고 했다. 내 의견이 백번 옳을 수 있지만 그 것을 강조하고 상대가 틀렸다는 것을 공격하며 논쟁에서 이겨봤자 관계에서는 실패하고 만다. 잘못을 지적받은 상대는 오히려 방어적 인 태도가 될 것이다. 이는 『이솝우화』의 '해와 바람' 이야기에서도 잘 나타난다. 나그네의 외투를 벗기기 위해 해와 바람이 내기를 했을 때 바람이 아무리 날카롭게 불어봤자 나그네는 외투자락을 더 여미고 만다. 해님이 뜨겁게 비출 때 비로소 나그네는 스스로 외투를 벗는다.

아이를 대할 때도 논쟁은 피해야 한다. 아이가 스스로 잘못을 발견하도록 우회적으로 따뜻하게 도와주는 방법을 찾아야 한다. 스스로 생각하고 결론을 내리게 하는 것이 현명하다. 친절한 태도와 우호적인 방법은 으박지르거나 비난하는 것보다 훨씬 쉽게 사람들의 마음을 바꾸어놓는다.

인간관계 사례 10

자리에 앉을 때까지 기다릴 거야

— 이국희 재능선생님 (부산 수영지국)

이국희 선생님은 아이들이 자신의 능력을 알고 표현할 수 있도록 기다려주는 선생님이다. 처음 만나던 날, "공부하기 싫어!"라며 선생님을 완강하게 거부하던 아이가 있었다. 이 선생님은 아이와 둘이 마주 앉아 '선생님과 공부하면 좋은 점'을 조용히 이야기해주었다. 그다음 주에도 아이는 달라지지 않았다. 이 선생님은 "자리에 앉을 때까지 기다릴 거야"라며 책상 앞에서 기다렸다. 그다음 주에는 "덧셈 뺄셈을 공부하지 않으면 2학년 올라가서 곱셈을 공부할 수 없어"라고 설명해줬다. 그러면서 기다렸다.

"아이가 반드시 변할 것이라 믿었어요. 언제나 기다림은 승리하니까요. 지금은 정말 공부 잘하는 우수회원이 되었죠!"

타사의 학습지 선생님을 3년 동안 했던 이 선생님은 그때는 느끼지 못한 사명감을 재능에 와서 찾았다고 말한다. 그때는 아이들이 문제 푸는 동안 시계를 들고 초를 재는 것 외에 할 일이 없었고, 어떻게 과목을 추가할지 설명하는 것이 관리의 전부였던지라 교육자다운 모습을 보여줄 수 없어 힘들었다. 그러다 재능선생님이 된 후 비로소 '교육다운 교육'을 할 수 있게 되었다고 생각한다.

"재능선생님이 되어서는 학부모나 아이들에게 교육자다운 모습을 보여줄 수 있어서 교육업에 대한 자부심이 생깁니다. 새로운 교육 트렌드에 맞춰 발 빠르게 교육을 시켜주니 저희들이 현장에 나가서도 고객들에게 알차고 정확한 교육 정보를 제공해주는 기쁨이 큽니다."

스스로 학습하는 습관을 키워주는 스스로학습시스템 아래 이 선생님은 아이가 스스로 변화해나가는 모습을 기다려줄 수 있게 된 것이다. 그리고 지금도 기다림의 승리를 믿으며 학생들을 만난다.

재능선생님들은 회원들을 만날 때 스스로학습지도법 10계명을 실천한다. 지난 40년 동안 축적된 선생님들의 감동적인 사례들은 수없이 많다. 이 순간에도 3,000여 명의 재능선생님들은 드림코치, 교육전문가, 성공습관지도사로서의 역할을 충실히 해내고 있다. 이러한 노력 덕택에 선생님들의 사랑이 학생과 학부모에게 마르지 않는 샘처럼 솟아나고 있다.

◎

공부를 잘하기 위해 필요한 것은 선천적인 재능이나 지능이 아닌, 자신의 능력에 대한 긍정적인 믿음과 태도다. 그중에서도 부모의 관심과 신뢰는 아이가 자신에 대해 믿음과 자신감을 가질 수 있게 하는 원동력이다. 그러기 위해서는 부모가 먼저 자녀를 믿어야 한다. 부모의 믿음은 자녀에게 고스란히 전달되기 때문이다. 아이는 부모가 믿는 만큼 자란다.

5장

부모의 관심이
아이의 운명을 바꾼다

01___

부모는 재능나무를 키우는 정원사

부모는 첫 스승이자 평생 스승

영국의 철학자 존 스튜어트 밀John Stuart Mill은 "인간은 내면의 힘에 따라 스스로 자라는 나무와 같다"고 말했다. 부모는 재능의 씨앗을 발견하여 큰 나무로 키우는 정원사라는 믿음을 가지고 아이의 교육에 관심을 가져야 한다. 선생님이 스스로 학습시스템을 아무리 잘 운영한다고 해도 가정에서 학부모가 자녀의 학습에 무관심하다면 그 효과를 기대할 수 없다. 인류의 교사로 칭송받는 페스탈로치는 "가정은 교육의 터전이다"라고 강조했다. 가정은 유치원보다 먼저 입학해서 대학보다 늦게 졸업하는 평생학교다. 학부모는 첫 스승이자 평생 스승이다.

따라서 학부모는 스스로학습법의 목표와 효과가 제대로 구현될 수 있도록 최초의 재능 발견자가 되고, 최적의 학습 환경 조성자가 되어야 한다. 또한 자녀의 학습동기를 부여하면서 규칙적인 학습 습관을 배양하고 보살펴야 한다.

부모는 아이의 환경이다

"어떤 아이들이 성공적인 삶을 살 수 있을까?" IQ테스트의 창시자이자 천재아天才兒 연구의 권위자인 미국 심리학자 루이스 터먼Lewis Terman 교수는『천재에 관한 유전학적 연구』에서 "지능지수나 DNA와는 관계없이 부모가 자율성을 부여하면서 관심과 사랑과 존중으로 키운 아이들은 성공적인 삶을 살았다"고 밝혔다. 그런 부모 밑에서 자란 아이들은 공부에 적극적이며 삶에 대한 자신감을 갖고 있기에 실패했을 때도 빨리 털고 일어날 줄 안다는 것이다.

심리학자 에미 워너Emmy Werner 교수가 하와이 카우아이섬에서 불우한 환경의 어린이 210명의 성장 과정을 오랫동안 지켜본 결과, 성공한 사람들의 공통점을 찾아냈다. 성공한 사람들에게는 남다른 사랑의 후원자가 있어서 역경과 시련을 오히려 도약의 발판으로 삼는 회복탄력성Resilience을 키울 수 있었기 때문에 훌륭한 인재가 되었다는 것이다.

누구나 한계 지점에 왔을 때 자신에 대한 긍정적 믿음을 바탕으로 끝까지 열정을 잃지 않고 노력하는 '집념과 끈기', 즉 그릿GRIT이 모든 성취의 원동력이라는 새로운 교육 이론이 최근 전 세계적으로 크게 주목받고 있다.

미국 펜실베이니아대학 앤절라 더크워스Angela Duckworch 교수의 그릿 이론을 우리나라에 처음 소개한 연세대 김주환 교수는 "공부 잘했던 부모의 자녀가 공부 잘하는 경우가 많다. 그렇게 태어났기 때문이 아니라 그렇게 길러졌기 때문이다. 부모는 아이에게 유전자보다 훨씬 중요한 정서적 환경을 제공한다. 부모 자체가 아이에게는 가장 중요한 환경적 요인이다. 공부에 관한 부모의 생각과 태도가 공부 잘하는 아이와 공부 못하는 아이를 결정짓는다. 부모의 따뜻한 애정 표현과 정서적 교감을 받고 자란 아이는 긍정적 정서를 지닌다. 그래서 어려운 일이 닥쳐도 극복할 수 있는 용기와 끈기가 생긴다. 반면에 아이에게 화를 자주 내거나 부정적 감정을 발산하는 부모 밑에 자란 아이는 부정적 정서를 키우게 된다. 분노나 공포, 불안, 짜증 등 부정적 정서는 단순히 학업성취도만 저하시키는 것이 아니라 몸과 마음과 뇌를 망친다"라고 역설하고 있다.

2017년 노벨경제학상을 받은 시카고대학의 리처드 탈러Richard Thaler 교수는 명령이나 간섭이 아니라 부드러운 개입을 통해 큰 성과를 얻어내는 '넛지Nudge' 이론의 창시자다. 넛지는 '옆구리를 슬쩍 찌른다'는 의미인데, 그 대표적인 사례로 암스테르담 스키폴 공항의 화장실을 소개하고 있다. 남자 소변기 위에 '소변을 흘리지 마시오'라는 거친 명령을 붙여놓는 대신 파리 모양의 조그마한 스티커를 변기 안쪽에 부착하여 바깥으로 튀는 소변량을 80% 이상 줄였다는 것이다.

자녀교육에도 넛지 이론이 통용된다. 김주환 교수의 딸 선유 양은 외고 시험에 실패하고 일반고에 들어간 후 한동안 방황하면서 학교 성적도 바닥권으로 내려간 적이 있었다. 그때 김 교수는 꾸지람 대신 "공부는 억지로 하는 것이 아니라 본인이 그 필요성을 절실히 느껴서 스스로 노력해야 효과가 있다"고 일러주었다. 아버지의 부드러운 조언 덕분에 선유 양은 생활 태도를 바꾸었고, 주위의 시선에 신경 쓰는 대신 오직 공부에만 집중하여 서울대 경영대에 입학했다. 이런 성공 사례를 『그릿』에서 자세히 소개하고 있다.

"맹자의 어머니가 자식의 교육을 위해 세 번 이사했다(맹모삼천지교, 孟母三遷之敎)"는 고사는 인간의 성장에 있어서 환경이 얼마나 중요한지를 가르쳐준다.

미국의 발달심리학자인 버클리대학 앨리슨 고프닉Alison Gopnik 교수는 『정원사와 목수』에서 "부모는 정원사가 되라"고 강조한다. 부모는 꽃과 나무를 키우기 위해 물을 주고 스스로 성장할 수 있도록 기다려주는 정원사가 되어야지 목수처럼 처음부터 구체적인 목적을 갖고 설계한 디자인대로 나무를 만드는 것은 불가능할 뿐만 아니라 나무의 생장生長마저 멈추게 한다는 것이다.

아이는 부모가 믿는 만큼 자란다

인간의 지적 능력은 신념, 감정 상태, 동기 부여 등에 따라 크게 달라진다. 긍정적인 기대가 좋은 영향을 미친다는 '피그말리온 효과'처럼 간단한 동기 부여만으로도 아이들의 지능이 획기적으로 향상되기도 한다. 인간의 능력은 자랄 수 있는 조건이 주어지면 그에 맞춰 성장한다. 그래서 환경이 중요하다.

공부를 잘하기 위해 필요한 것은 무엇일까? 선천적인 재능이나 지능이 아니라 자신의 능력에 대한 긍정적인 믿음과 태도다. 부모의 따뜻한 신뢰는 아이가 스스로에 대해 믿음과 자신감을 가질 수 있는 좋은 환경이 된다. 아이가 공부를 잘하길 바란다면 "넌 잘할 수 있을 거야!"라는 자신감을 계속 불어넣어주어야 한다. 따뜻한 격려와 용기를 북돋아주는 한마디가 모든 것을 바꿀 수 있다. 인간의 능력은 얼마든지 계발되고 성장할 수 있다. 본인이나 주변 사람들이 한계라고 믿는 지점이 바로 한계가 되므로 절대 그 한계를 낮게 잡아서는 안 된다.

일본에서는 잉어를 '코이'라고 한다. 코이라는 비단잉어는 작은 어항에서 기르면 5~8센티미터밖에 자라지 않고, 수족관이나 연못에서 기르면 15~25센티미터까지 자란다. 하지만 큰 호수나 강에 방류하면 무려 90~120센티미터까지 크게 자란다고 한다. 이렇듯 환경에 따라서 잉어의 크기가 달라지는데 이것을 '코이의 법칙'이라고 한다. 마찬가지로 가정이나 학교도 우리 아이가 어느 정도까지 자랄 수 있는지를 결정하는 중요한 환경이 된다.

혹시 아이의 성적이 좋지 않아 걱정이 된다면, 앞으로 열심히 하면 분명 잘할 수 있을 거라는 믿음을 아이에게 은연중에 계속 심어주어야 한다. 그러기 위해서는 부모 자신부터 자녀를 믿어야 한다. 부모의 믿음은 자녀에게 고스란히 전달된다. 구체적인 말이 아니더라도 아이를 대하는 표정, 목소리, 태도를 통해 그대로 전달된다. 그러므로 고정관념과 편견을 버리고 아이에게 무한한 신뢰를 보내야 한다. 아이는 그 믿음만큼 자라기 때문이다.

스스로학습시스템에서 부모의 역할

스스로학습시스템의 중요한 세 축 가운데 하나가 부모다. 부모가 다음과 같은 역할에 주의하며 가정에서의 학습 지도에 최선을 다할 때 스스로학습법의 효과는 더욱 높아질 것이다.

첫째, 부모는 아이의 재능과 가능성의 최초 발견자다. 부모는 자녀의 무한한 가능성을 믿는 가운데 재능을 최초로 발견해줌으로써 아이에게 꿈을 키워주는 신념의 마력을 보여주어야 한다. 미국의 저널리스트 클로드 브리스톨Claude Bristol은 성공학의 고전으로 꼽히는 『신념의 마력』에서 신념의 힘은 마력이라고 했다. 부모는 아이의 미래에 대해 성공의 확신을 갖고 말로 격려해야 한다. 말에는 보이지 않는 생명력이 있다. 그래서 부모가 해준 말은 아이의 뇌로, 가슴으로 전달되어 나중에는 부모의 말대로 아이의 가능성이 발현된다. 아이들은 자신을 믿어주는 부모의 말 한마디에 용기를 얻어 어떤 어려움도 극복해갈 수 있다. 따라서 부모는 자녀의 가능성을 믿어주며 끊임없는 관심과 애정을 보여주어야 한다.

둘째, 최적의 학습환경을 조성해준다. 학습에 대한 집중력은 주변 환경과 분위기에 크게 영향을 받는다. 아이가 집중하지 못한다면 아이를 탓하기 전에 공부에 집중할 수 있는 분위기인지부터 살펴봐야 한다. 학습에 장애가 될 수 있는 요인들이 있으면 그것부터 없애주는 게 급선무다. 아울러 부모가 먼저 즐겁게 공부하는 모습을 보여주어야 한다. 아이와 함께하는 놀이를 자연스럽게 학습 환경으로 연결시키는 교육적 지혜를 발휘하는 게 좋다. 또한 아이들의 심리적 안정을 위해 가족 간의 화목을 위해서도 노력해야 한다.

셋째, 자녀의 규칙적인 학습습관 형성을 돕는다. "3살 버릇 여든까지 간다"는 속담처럼 어릴 때 길러진 자녀의 학습습관 또한 일생의 능력과 재능으로 자란다. 모든 습관과 마찬가지로 학습 습관 역시 꾸준히 노력하며 행할 때 비로소 몸에 밴다. 따라서 자녀에게 규칙적인 학습습관을 길러주기 위해서는 부모의 한결같은 관심이 있어야 한다.

02 ___

아이는 말로 키운다

말한 대로 이루어지는 말의 놀라운 힘

『사람은 무엇으로 사는가』는 러시아의 문호 톨스토이의 대표적인 단편소설로, 사람은 결국 사랑으로 산다는 결론을 내린다. 그러면 사랑은 무엇으로 할까? 사랑도 미움도 말로 하는 것이다. 말에는 힘이 있다. "말이 씨가 된다"고 하지 않는가. 마음속에 있는 생각이 밖으로 나오면 말이 된다. 부모는 자녀를 교육하면서 말의 힘, 말의 능력을 믿고 말해야 한다. 말한 대로 이루어진다고 생각하면 얼마나 놀라운 일인가? 말을 함부로 해서는 안 되는 이유다.

말에는 좋은 말과 나쁜 말이 있다. 좋은 말은 아이의 마음을 기쁘게 해주며, 긍정적인 말, 칭찬하는 말은 아이를 행복하게 한다. 나쁜 말은 아이의 마음을 아프게 하고, 부정적인 말, 비난하는 말, 거친 말은 아이를 의기소침하게 만든다. 좋은 말은 용기를 주고 나쁜 말은 상처를 준다. 말이 주는 상처는 너무 크다. "혀의 상처가 칼의 상처보다 아프다"는 말은 결코 빈말이 아니다.

　말에는 놀라운 힘이 있다. "오늘의 내 모습은 어제 내가 말한 결과이고, 내일의 내 모습은 오늘 내가 한 말의 결과다." 그런데 우리는 "화나 죽겠다. 배고파 죽겠다. 머리 아파 죽겠다. 좋아 죽겠다" 등 부정적인 말을 많이 한다. 부모들은 아이들이 속을 썩일 때 "정말 못살아" "미치겠다"라는 말을 자주 하는데, 자신의 말 속에 부정적인 말이 얼마나 많이 숨어 있는지 알아야 한다.

　심리학자 문은희 박사는 『엄마가 아이를 아프게 한다』에서 아이들은 부모의 말에 상처받는 경우가 많지만 부모들은 그 상처를 기억하지 못한다고 진단한다. 특히 엄마가 그렇다. 저자는 사랑과 미움의 의미를 설명한다. "사랑하면 상대가 좋아하는 것, 필요한 것이 눈에 들어온다. 그 사람의 좋은 점만 보인다. 그리고 사랑하는 사람을 위해 무엇이든 해줄 수 있는 열정적인 마음이 생긴다. 그것이 사랑이다. 반대로 미움은 상대의 부족한 부분과 잘못된 점만 보인다. 그걸 꼬집고 밝혀내고 싶다. 그것이 미움이다." 이렇게 사랑과 미움을 정의하고 자녀를 사랑하는지 물으면 어떻게 대답할 것인가? 자녀교육에 있어서 깊이 생각해볼 대목이다.

아이의 운명을 바꾸는 부모의 말 한마디

말은 신뢰가 중요하다. 믿을 신(信)은 사람 인(人)과 말씀 언(言)의 합성어다. 말은 자신의 입을 떠나는 순간 활시위를 떠난 화살처럼 주워 담을 수가 없다. 상황이 좋아서 좋은 말을 하는 것이 아니라 좋은 말을 하기 때문에 상황이 좋아지는 것이다. 부모가 아이의 목소리에 귀를 기울이지 않으면 대화가 성립할 수 없다. 아이도 인격이 있으며, 아이에게 하는 말이 아이에게 전부 입력되어 아이의 인격과 말이 만들어지는 것이다. 우리 속담에 말에 관한 내용이 많은 이유도 말이 그만큼 중요해서다.

우리는 세상을 말로 살아간다. 교육도 말로 한다. 말의 진정성이 모여서 힘이 된다. 말을 청산유수처럼 한다고 해서 말을 잘한다고 할 수는 없다. 진실과 정성이 쌓여야 사람에게 감동을 주고 기적을 만들어낸다. 진정성이 있는 말은 시간이 지나면서 힘을 얻는다.

부모의 말 한마디가 아이의 운명을 바꾼다. 엄마들이 아이를 공부시키면서 하는 여러 가지 말 중에 어떤 말을 주로 사용하는지 생각해보자.

"이것 안 하면 혼날 줄 알아."

"이것만 해놓으면 게임하게 해줄게."

"공부 다 해놓고 네가 하고 싶은 것 해."

"이 문제는 꽤 어려운데 어떻게 풀었니? 참 대단하구나!"

엄마는 아이를 말로 가르친다. 결국 엄마가 사용하는 말이 아이의 실력을 결정한다. 엄마가 매일같이 "너 참 대단하구나!"라고 아이를 칭찬하면 아이는 매일 대단한 아이로 성장한다. 매일 칭찬받는 아이는 매일 칭찬받는 일을 하려고 노력하면서 좋아서, 재미있어서 스스로 공부하는 아이로 자라게 된다. 말의 중요성에 대해 옛날부터 전해오는 이야기를 음미해보자.

정승처럼 키우면 정승이 되고 머슴처럼 키우면 머슴이 된다

아주 옛날, 산골의 가난한 집에 아이가 하나 있었다. 아이는 배가 고파 온종일 우는 게 일이었다. 아기의 부모는 우는 아이에게 회초리를 들어 울음을 멎게 하곤 했다. 그날도 부모는 우는 아이에게 매질을 하고 있었다. 마침 집 앞을 지나던 스님이 그 광경을 물끄러미 바라보다가 무슨 생각이 난 듯 집으로 들어가 매 맞고 있는 아이에게 넙죽 큰절을 올렸다.

이에 놀란 부모가 스님에게 연유를 묻자, 스님은 "이 아이는 나중에 정승이 되실 분이기 때문입니다. 그러니 곱고 귀하게 키우셔야 합니다"라고 대답하고 홀연히 자리를 떴다. 그 후로 아이의 부모는 매를 들지 않고 공들여 아이를 키웠다. 훗날 아이는 스님의 예언대로 정승이 되었다. 아이의 부모는 감사의 말도 전하고 신기한 예언력에 대해 물어보고자 스님을 수소문해 찾았다.

"스님은 어찌 그리도 용하신지요. 스님 외에는 어느 누구도 우리 아이가 정승이 되리라 말하는 사람이 없었거든요."

스님은 빙그레 미소 지으며 대답했다. "이 평범한 중이 어찌 미래를 볼 수 있겠습니까. 그러나 세상의 이치는 하나이지요. 모든 사물을 귀하게 보면 한없이 귀하지만 하찮게 보면 아무 짝에도 쓸모가 없는 법입니다. 마찬가지로 아이를 정승같이 귀하게 키우면 정승이 되지만, 머슴처럼 키우면 머슴이 될 수밖에 없는 것이지요."

03___

유대인의 자녀교육법,
무엇이 다를까?

오늘 선생님께 무슨 질문했니?

    20세기 3대 천재라고 평가받는 아인슈타인, 카를 마르크스, 프로이트를 비롯하여 발명왕 에디슨, 영화감독 스필버그, 구글의 래리 페이지, 스타벅스의 하워드 슐츠, 석유 재벌 록펠러, 화가 피카소, 언론인 퓰리처, 음악가 레너드 번스타인 등. 이들의 공통점은 유대인이다. 유대인은 세계 인구의 0.2%에 불과하지만 노벨상 수상자의 22%, 아이비리그 교수의 30%, 미국 대법관의 3분의 1, 미국 최고 부자 24명 중 10명이 유대인이다.

  세계의 정치, 경제, 언론, 문화 등 전 영역에서 유대인은 막강한 영향력을 발휘한다. 그래서 "세계를 움직이는 것은 미국이고, 미국을 움직이는 것은 유대인"이라고 말하기도 한다. 이처럼 막강한 유대인의 힘은 어디서 나오는 걸까? 자녀교육에 그 비밀이 있다.

유대인의 자녀교육은 『탈무드』에 기초한다. 『탈무드』는 고대부터 전해오는 유대인의 규율과 전통, 지혜 등에 대한 율법학자들의 해설을 모은 책이다. 아이는 돌 무렵부터 부모의 베갯머리 독서로 처음 접하며, 평생에 걸쳐 생활 규범으로 삼는 유대인의 '인생 교과서'다.

유대인 부모는 아이가 첫걸음마를 시작할 때 넘어지더라도 달려가 일으켜 세워주지 않는다. 스스로 일어날 때까지 참고 기다린다. 어릴 때부터 스스로 해결하는 습관을 길러주기 위해서다. 유대인 부모들은 학교에서 돌아온 자녀에게 "오늘 선생님께 무슨 질문을 했니?"라고 묻는다. 좋은 질문을 하려면 예습을 해야 한다. 스스로 질문을 찾아내는 학생은 창의적인 인재로 발전할 수 있다. 우리나라의 대표적인 석학 이어령 선생의 어릴 적 별명은 '질문대장'이었다.

독서와 글쓰기 중시하는 유대인 교육

『부모라면 유대인처럼』의 저자인 고재학 한국일보 논설위원은 평범한 아이도 세계 최강의 인재로 키워내는 탈무드식 자녀교육의 핵심 방법으로 독서, 글쓰기 공부, 유머 훈련을 소개한다. 유대인의 자녀교육에서 중요한 게 '독서'다. 유대인 가정의 거실에는 대부분 텔레비전이 없다. 그 대신 책이 가득 들어찬 책장, 앉아서 책을 읽고 토론할 수 있는 책상과 의자가 있다. 유대인의 독서 수준이 세계 최고인 이유다. 유대인 부모들은 자녀가 돌이

지날 때쯤부터 베갯머리에서 동화책을 읽어준다.

'질문과 토론 그리고 독서'에 익숙한 유대인 아이들은 '글쓰기 훈련'을 한다. 논리적인 언어 사용과 글쓰기는 지도자가 갖춰야 할 핵심 요건이기 때문이다. 이렇게 훈련된 유대인은 대학에 가면 각종 보고서와 논술, 에세이 등을 어렵지 않게 소화한다. 유대인들이 논리적인 사고 체계와 토론 능력이 요구되는 정치인과 법조인을 많이 배출하는 이유가 바로 여기에 있다.

유대인의 교육은 지식보다 지혜를 가르쳐준다. 지식은 사물과 세상에 대한 정보이고, 지혜는 현명하고 슬기로운 판단력이다. 유대인은 지혜로워야 지식도 제대로 활용할 수 있다고 생각한다.

"물고기를 주어라. 한 끼를 먹을 것이다. 물고기 잡는 법을 가르쳐주어라. 평생을 먹을 것이다." 우리에게 아주 잘 알려진 '물고기와 물고기 잡는 법'에 대한 비유는 『탈무드』에 나오는 말이다. 지식은 물고기와 같고, 물고기 잡는 법은 지혜를 의미한다.

히브리어로 부모와 선생님은 같은 어원

유대인은 유머 감각을 훈련시키는 것으로도 유명하다. 『탈무드』에는 "모든 생물 중에서 인간만이 웃는다. 인간 중에서도 현명한 사람일수록 잘 웃는다"는 말이 있다. 웃음은 지성을 가는 숫돌이다. 유대인에게 유머는 단순히 웃고 즐기는 것을 의미하지 않는다. 오랜 시간에 걸친 고단한 방랑 생활과 박해의 역사, 민족의 짙은 애환을 유머로 승화시켰기 때문이다. 미국 코미디언들 중에 유대인이 가장 많은 것도 우연이 아닐 것이다. 아인슈타인도 "나를 키운 것은 유머였고, 내가 보여줄 수 있는 최고의 능력은 농담이었다"라는 말로 유머의 중요성을 강조했다.

또한 유대인 자녀는 어렸을 때부터 자기 일은 '스스로 찾아서 하는 훈련'을 한다. 자기 방 청소나 빨랫감을 직접 세탁기에 넣는 일 등이다. 손님이 방문했을 때의 인사말과 몸가짐 등 예절교육도 철저히 받는다. 그리고 조상과 전통의 소중함을 익힌다.

이처럼 유대인이 자녀교육에 성공한 원동력은 무엇일까? 부모가 스스로 공부하면서 평생학습하는 자세가 몸에 배어 있기 때문이다. 미국 샌디에이고대학의 유대인 랍비 웨인 도식Wayne Dosick 교수는 『탈무드 인성수업』에서 "히브리어로 부모와 선생님의 어원이 같다"며 "언제까지나 부모는 아이의 첫 번째이자 가장 중요한 선생님이다"라고 소개한다. 그런 만큼 부모가 먼저 공부하면서 아이들에게 늘 배우는 모습을 보여주고 솔선수범하는 자세가 필요하다. "부모가 쉬지 않고 무엇이든 읽고 배우는 모습을 보여준다면 아이는 어렸을 때부터 배우고 공부하는 것이 당연하다고 생각하게 된다."

'유대인의 자녀교육법'과 '재능교육의 스스로학습법'은 서로 통하는 게 많다는 느낌을 지울 수 없다. 인간의 무한한 가능성과 자발적 본성에 기초한 교육철학에 뿌리를 내린 스스로학습법이 유대인의 자녀교육과 만나면 글로벌 교육철학으로 비상할 수 있다고 믿는다.

04___

부모의 5분 투자가
공부 잘하는 아이 만든다

부모가 변해야 아이도 바뀐다

"선생님이 알아서 다 해주시겠지" 하면서
회비만 내고 모든 것을 선생님께 맡기는 부모들이 있다. 학부모가
학원 선생님을 만나는 것은 쉽지 않지만 학습지 선생님은 매주 정기
적으로 만나 소통할 수 있는 장점이 있다. 아이가 스스로 학습하는
습관을 형성하기 전까지는 학부모, 재능선생님, 스스로학습시스템
이 삼위일체가 되어야 효과가 있는 이유이다. 아이를 학원에 보내거
나 과외를 시키는 것보다 학습지는 저렴한 비용으로 학습 효과를 크
게 볼 수 있다.

부모가 어떻게 해야 자녀의 공부에 도움이 될 수 있을까? 가장 중
요한 것이 부모의 관심이다. 부모가 관심을 가지고 있다는 것을 아
는 아이들은 스스로 공부하는 습관을 형성하여 학교 성적도 향상된

다. 아이들은 부모를 실망시키지 않으려고 노력한다. 물론 올바른 성격 형성과 긍정적인 자아관도 갖게 된다.

부모가 관심을 가지고 있다는 걸 어떻게 표현할 수 있을까? 재능 선생님들이 이구동성으로 체득한 정답이 바로 채점이다. 책값, 학원비, 교재비, 레슨비 등은 어떤 부모든지 돈만 있으면 해결된다. 하지만 채점은 관심이 없으면 할 수 없는 일이다. 매일 아이가 공부한 것을 채점해주는 부모라면 아이의 공부에 그만큼 관심이 있다는 증거다. 아이의 학습을 점검한다며 "오늘 숙제 다 했니?" "오늘 공부는 다 했니?"라고 물어보는 데 그치는 부모가 많다. 또 이렇게 묻는 것이 아이의 학습에 대한 관심이라고 오해하기도 한다. 그러나 그것은 진정한 관심이 아니다. 채점 시간은 그리 오래 걸리지 않는다. 하루에 5분에서 10분이면 충분하다. 그 시간 동안 기울이는 관심으로 아이의 공부습관이 달라지고 실력이 달라질 수 있음을 기억하자.

채점은 체크리스트와 같은 역할을 한다. 미국의 외과의사 아툴 가완디Atul Gawande는 『체크리스트』에서 체크리스트의 중요성을 역설한다. 수술을 하다 보면 의외로 간단한 실수로 목숨이 위태로워지기도 하므로 "체크리스트를 사용하는 전문가는 마지막 2분이 다르다"고 말한다. 체크리스트를 만들어 사용하는 의사들은 실수를 예방하고, 의사들 간에도 원활하게 소통하며, 환자들에게 신뢰를 심어주어 성공하는 명의가 된다고 강조한다.

부모의 채점은 의사의 체크리스트와 같다. 부모에게는 짧은 시간이지만 아이에게는 운명이 바뀌는 중요한 시간이다. 부모는 변하지 않으면서 아이가 스스로 공부하는 습관을 갖도록 기대하는 것은 부모의 지나친 욕심이다.

부모의 채점은 스스로학습 습관의 지름길

스스로사업본부 이연희 팀장은 재능선생님으로 출발해서 조직장을 거치면서 많은 회원 사례를 접했고, 스스로학습법이 현장에서 어떻게 구현되는지도 지켜봐왔다. 선생님 시절에 학부모들에게 인기 있었던 이 팀장은 자신의 비결을 이렇게 말한다.

"부모님들에게 채점의 중요성을 강조하고 설득하여 '채점 전도사'라는 별명까지 얻었어요. 매주 방문하여 채점의 중요성을 말씀드리고, 돈이나 말 대신 직접 채점하는 행동으로 관심을 보여달라고 부탁드렸죠."

상담 시간의 절반은 부모의 역할에 초점을 맞췄다. 모든 부모는 아이가 공부 잘하기를 바라므로 "하루 5분만 투자하여 채점으로 관심을 보여주세요"라고 당부했다. 처음 6개월은 30~40%의 부모만이 참여했다. 어머니가 시간이 안 되는 날은 아버지가 채점에 참여하도록 부탁했다. 1년 정도 지나니 대부분의 부모들이 참여하게 되었고, 아이들의 학습태도, 학습습관, 학습효과도 눈에 띄게 좋아졌다.

채점을 하면 자녀의 잘하는 부분과 부족한 부분을 정확히 알게 된다. 결국 부모의 채점은 아이가 스스로 공부하는 습관을 형성하고 공부를 잘하게 만들어주는 지름길이다.

디지털 시대를 맞아 아이들의 학습지를 온라인으로 자동 체크하게 되면서 앞으로는 채점에 따른 부모의 부담은 줄어들 것이지만 더 세심한 관심을 기울이도록 학습시스템도 발전할 것이다.

05___

아빠도 교육에 관심을
가져야 한다

할아버지의 경제력,
아빠의 무관심, 엄마의 정보력

'할아버지의 경제력, 아빠의 무관심, 엄마
의 정보력.' 한때 자녀를 좋은 대학에 보내기 위해 필요한 3대 조건
으로 유행했던 말이다. 아빠는 열심히 돈만 벌면 되고 육아와 교육
은 엄마가 전담하는 것을 전제로 하는 말인데, 점점 설득력을 잃어
가고 있다.

물론 과거에는 엄마의 영향력이 막강했다. 성적만으로 상급학교
진학이 결정되던 시절에 엄마는 좋은 학원과 족집게 강사를 탐색하
는 정보에 매달렸다. 또 엄마 커뮤니티를 활용하여 학원과 강사에게
영향력을 행사하기도 했다. 하지만 대학입시가 수능 일변도에서 탈
피하여 입학사정관제가 확대됨에 따라 입시 전략이 바뀌면서 학생

개개인의 특기와 적성을 살리는 게 중요해졌다. 학원에만 의존하기보다 자녀 특성을 정확하게 파악하는 것이 입시 성공의 관건이다.

또한 맞벌이 부부가 증가하면서 아빠의 역할이 달라지고 있다. 아빠가 가사를 분담하면서 자녀교육에도 관심을 갖고 참여하기 시작했다. 자녀교육은 엄마의 역할이라는 전통적인 구도에 변화가 생긴 것이다. 아빠가 직접 사교육 현장을 발로 뛰며 자녀교육에 나서자 엄마 혼자 감당해야 했던 짐을 나눌 수 있게 되었다.

아빠의 역할이 커진다

아빠의 적극적인 참여를 가능하게 한 이유로 인터넷과 인맥을 통한 정보 공유가 활발해진 점을 빼놓을 수 없다. 더욱이 요즘 각종 TV에서 아빠의 육아를 주제로 많은 프로그램들이 방영되면서 아빠의 역할이 더욱 커지고 있다.

실제로 아빠의 육아에 대한 태도가 급변함에 따라 '대치동 아빠'라는 말도 생겨났다. 대치동 빅 파더로 통하는 이민구 씨는 『공부가 즐겁다 아빠가 좋다』라는 책을 딸과 함께 발간하여 아빠의 역할이 얼마나 중요한지 생생하게 알려주고 있다. 그는 직장에 다니는 아빠로서 평범한 아이를 우등생으로 키운 경험을 소개한다. 고1 때 지방에서 서울 강남으로 전학한 딸을 위해 3년 동안 매니저 역할을 담당하면서 딸의 학교 배정, 학원 등록 문제를 발로 뛰어 해결했다. 정보

전쟁과 열정 면에서 대치동 엄마에 맞먹는다고 해서 붙여진 별명이 바로 '대치동 아빠'다.

그가 추구하는 교육은 공교육과 사교육과 가정교육을 접목시키는 것으로, 세 영역이 어우러질 때 아이의 꿈이 현실화된다고 믿는다. 그는 가정교육의 주체로 아버지의 역할을 중시한다. 건실하게 행동하는 아버지의 뒷모습이 교육의 정답이라는 믿음 때문이다. 그는 지식 자체가 아니라 지식을 터득하는 방법을 알려주어 자녀가 스스로 학습할 수 있도록 유도했다. 당장 눈앞의 결과보다 자녀가 평생 공부할 수 있는 능력을 키워주는 자녀교육의 '빅 파더'가 된 것이다.

딸은 중학교 시절에는 평범한 학생이었고, 중학 졸업 후에도 많은 어려움에 직면했다. 외고 입시에 실패한 데다 3번이나 이사를 하면서 문과에서 이과인 한의대로 목표를 수정하는 등 장애 요인이 많았다. 하지만 크고 작은 시련을 극복하고 한의대에 합격했다. 그녀는 대학교에서도 지치지 않는 열정으로 공부하는 첫 번째 비결을 스스로 학습하는 힘이라고 말한다.

아빠의 참여, 가족을 회복시킨다

아빠의 육아에 대한 열풍이 불면서 아빠들의 고민도 깊어지고 있다. 마음은 준비되어 있는데 어떻게 할지를 몰라 당황스러워 한다. 세 아이의 아빠이자 커뮤니케이션 전문가인 김범준 씨는 『내 아이를 바꾸는 아빠의 말』에서 행복한 아이로 성장시키는 하루 10분 대화법을 소개한다. 서툴고 부족한 아빠들이 아이와 제대로 소통하기 위해 엄마와 차별화되는 10가지 아빠의 말을 사례와 함께 제시한다. 미래말, 긍정말, 공감말 등 감성적인 부분의 성장을 돕는 말과 엄격말, 메모말, 식사말 등 외적인 성장을 돕는 말 등 일상의 상황별로 정리한 것이다. 그는 아빠만이 해줄 수 있는 말을 통해 아이의 창의력과 사회성을 길러줄 수 있다고 주장한다.

"야! 정말 멋진 생각이야!" "그거 괜찮은 아이디어인데!" "어느 것을 하고 싶은지 네가 선택해! 그 대신 결과도 네가 책임지는 거다, 약속!"

또 아빠가 잘할 수 있는 것을 큰 강점으로 내세우며 자신감을 갖고 아이와 대화하기를 권한다. "아빠들이 엄마들보다 잘할 수 있는 게 무엇인가요? 바로 몸을 움직이는 겁니다. 아들이라면 축구공을, 딸이라면 줄넘기를 들고 함께 학교 운동장에 가보세요. 별다른 말이 필요 없습니다. 그저 공과 줄넘기를 가지고 아이와 30분만 놀면 됩니다. 그게 바로 '놀이말'입니다."

아빠가 관심을 갖고 자녀교육에 참여하면 아이와 대화가 늘어나게 되어 가족이 화목해지는 장점도 있다. 아빠의 무관심은 가족 간 대화의 단절이라는 사회 문제로 대두되기도 했으나 아빠의 참여는 소통으로 이어진다. 아빠가 학교생활이나 교우관계, 아이의 관심사 등에 대해 아이와 대화를 나누면 자녀교육에서 아이의 숨통을 틔워준다. 엄마와 아이가 코앞의 성적에 일희일비하지 않게 중심을 잡아 주는 것도 아빠의 몫이다. 아빠가 교육에 관심을 가지면 아이도 행복해질 것이다.

06___

감사하는 마음이
경쟁력이다

감사, 긍정성을 높이는 최고의 마음 훈련

인생을 살다 보면 예기치 않은 일이 생기는 것을 흔히 항해에 비유한다. 또 100미터 단거리 경기가 아니라 마라톤에 비유하곤 한다. 교육도 똑같이 마라톤처럼 장거리 경기라고 할 수 있다. 공부는 숨 쉬는 것과 같아서 멈춰서도 안 되지만 그렇다고 한번에 몰아쉴 수도 없다. 유아기와 초등학교, 중·고등학교, 대학을 거쳐 사회 교육까지 가는 긴 여정이기에 그렇다.

나는 자녀를 기르고 교육 사업을 하면서 심리학의 중요성을 참 많이 느꼈다. 그중에서도 긍정심리학에 관심이 많다. 부모들도 긍정심리학에 관심을 가져주었으면 한다. 그동안의 심리학은 불행에 관심을 갖고 원인을 밝히는 데 주력했다. 그러다가 행복에 관심을 갖고 긍정심리학이 등장한 것은 그리 오래되지 않았다. 교육은 아이들이 행복하기 위해서 받는 것이며, 부모가 행복해야 아이도 행복하다.

긍정적인 정서 향상법에는 명상하기, 선행 베풀기, 인생에서의 좋은 일과 추억 회상하기, 잘되는 일에 집중하기 등 다양한 방법이 있으나 그중에서도 최고의 방법은 감사하기 훈련이다.

0.3초의 기적, 감사의 힘

아이들이 엄마, 아빠 다음으로 배우는 말이 무엇일까? "고마워요"와 "감사합니다"이다. 미국의 심층 뉴스 TV 프로그램의 간판 앵커인 데보라 노빌Deborah Norville은 『감사의 힘』에서 감사하는 습관이 성공의 비결이라고 강조한다. 특히 "감사합니다" "고맙습니다"라는 말을 하는 데는 0.3초밖에 걸리지 않지만 기적을 만드는 원동력이 된다는 것이다. 저자는 감사를 표현하는 대상을 다른 사람들, 세상, 자기 자신으로 나누고, "항상 옆에 있는 사람이나 주위에 있는 모든 것들에게도 감사하라"고 조언한다. 또한 가장 고마워해야 할 사람은 바로 자신이라는 사실도 일깨워준다.

데보라 노빌은 "감사하는 마음, 감사하는 습관은 갑자기 하늘에서 뚝 떨어지는 것이 아니라 배우고 훈련받을 때 생긴다. 감사도 학습이라는 사실을 명심해야 한다"고 말하면서 이런 효과를 체험하기 위해서는 '감사일기 쓰기'를 권유한다.

토크쇼 여왕 오프라 윈프리의
감사일기 5개

감사일기는 거창한 게 아니라 일상의 삶에서 작은 것을 찾아서 쓰면 된다. 미국 토크쇼의 여왕으로 불리는 오프라 윈프리는 역경을 극복한 인물로 유명한데, 그녀의 성공 비결은 매일 감사일기 5개를 적는 것이었다. 어느 날 그녀가 쓴 감사일기의 내용을 보면 자신감을 가질 수 있으리라.

1. 오늘도 거뜬하게 잠자리에서 일어날 수 있어서 감사합니다.
2. 유난히 눈부시고 파란 하늘을 보게 해주서서 감사합니다.
3. 점심때 맛있는 스파게티를 먹게 해주서서 감사합니다.
4. 얄미운 짓을 한 동료에게 화내지 않았던 저의 참을성에 감사합니다.
5. 좋은 책을 읽었는데 그 책을 써준 작가에게 감사합니다.

이처럼 일상에서 일어나는 소소한 일들을 적으면 된다. 감사일기가 습관이 되면 삶은 풍성해지고 행복해진다. 아이에게 감사하는 마음을 심어주면 아이는 평생 경쟁력을 갖게 되는 것이다. 아이가 감사하는 마음이 생활화될 수 있도록 부모가 감사하는 마음을 가져야 한다.

부모는 아이에 대해서도 감사하는 마음을 가져야 한다. 아이가 있다는 사실 자체가 감사한 일이 아닌가. "아이들은 태어나서 6세까지 일생 동안 해야 될 효도를 다한다"는 말이 있다. 미운 7살이 되기 전까지 아이들은 부모에게 무한한 삶의 기쁨을 안겨준다는 의미다. 아이가 태어나서 부모에게 준 기쁨을 어찌 다 말로 할 수 있겠는가. 아이가 자라면서 어려움이 생기지만 아이가 주는 기쁨을 생각하면 그만큼 감사할 수 있는 것이다.

"구일신 일일신 우일신苟日新 日日新 又日新." 은나라 탕왕의 좌우명에서 비롯된 이 말은 '진실로 하루가 새로워지려면 날마다 새롭게 하고 또 새롭게 하라'는 의미를 지닌다. 아이를 키우고 교육하는 일은 날마다 새로운 것을 경험하는 것이다. 아이들은 날마다 키가 자라고 마음이 자란다. 그런 만큼 어릴 때부터 감사함이 몸에 배도록 가르칠 필요가 있다. 그러려면 부모가 모범을 보여야 한다. 아이에게 감사일기를 간단히 쓰게 하고, 엄마도 함께 써보면 좋다. 감사일기를 적다 보면 감사할 일을 찾게 된다. 세상을 감사의 눈으로 보면 감사할 거리가 넘쳐난다. 『탈무드』에 나오는 말을 음미해보자. "가장 현명한 사람은 모든 사람에게 배우는 사람이고, 가장 강한 사람은 자신을 이기는 사람이고, 가장 행복한 사람은 범사에 감사하는 사람이다."

◎

스스로학습법의 12가지 핵심 키워드는 농부가 씨를 뿌리고 가꾸어 수확하는 과정에 비유할 수 있다. 아이의 특별한 재능인 '개인차'에 따라서 '호기심'과 '재미'의 손길로 재능의 씨를 뿌리면 '성취감'과 '자신감'이라는 단비가 내린다. 그 위에 '동기'와 '반복'이라는 햇살이 비치면 '집중력'과 '습관'의 훈풍이 생겨난다. 그리고 수확할 때까지 '끈기'와 '긍정성'으로 기다리면 '창의성'의 열매가 열린다. 이 모든 요소는 스스로학습법을 실천하는 과정에서 자연스럽게 길러지며, 스스로학습법은 바람직한 인성의 선순환을 만든다.

6장

스스로학습법의
효과 12가지

교육잡지《맘대로 키워라》
발간

　　　　　　　　　　스스로학습을 통해 학력을 쌓아가면서 길러지는 것이 스스로 학습할 수 있는 능력이다. 나이와 학년에 상관없이 아이들의 능력에 꼭 알맞은 과제를 지속적으로 반복학습해 나가면 높은 학력과 동시에 스스로학습능력이 길러진다.

　스스로학습능력이란 어떤 목표를 달성하기 위해 미지의 과제를 스스로 해결하는 능력이며, 구체적으로는 성취감, 자신감, 집중력, 끈기, 긍정성, 문제 해결 능력과 창의성 등을 종합한 것이라 할 수 있다. 이것은 스스로 학습습관을 몸에 익힌 아이들에게 주어지는 소중한 선물이다.

　스스로학습법은 아이들이 스스로 공부하는 습관을 지속시키기 위한 것이다. 아이가 스스로 학습하는 습관을 지속하게 하려면 부모가 학습의 기본 원리를 이해할 필요가 있다. 플라톤은 "탁월성은 지속성이다"라고 말했다. 어떤 일을 꾸준히 해나갈 때 탁월한 능력이 생긴다는 뜻이다.

재능교육은 월간 교육잡지 《맘대로 키워라》를 2010년부터 정기적으로 발간하면서 지속성을 유지하고 있다. 이 잡지는 기존의 사외보 《재능나라》에 이어 학부모에게 올바른 학습방법을 알려주어 자녀들을 창의적인 인재로 키우는 데 도움을 주고자 만들었는데, 여기에 스스로학습법의 핵심 키워드 12개를 소개한 바 있다. 이 단어들은 내가 40년 동안 스스로학습법을 연구하고 실천하면서 붙잡고 씨름했던 주제이기도 하다.

스스로학습법의 12가지 핵심 키워드는 농부가 씨를 뿌리고 가꾸어 수확하는 과정에 비유할 수 있다. 아이의 특별한 재능인 '개인차'에 따라서 '호기심'과 '재미'의 손길로 재능의 씨를 뿌리면 '성취감'과 '자신감'이라는 단비가 내린다. 그 위에 '동기'와 '반복'이라는 햇살이 비치면 '집중력'과 '습관'의 훈풍이 생겨난다. 그리고 수확할 때까지 '끈기'와 '긍정성'으로 기다리면 '창의성'의 열매가 열린다. 이 모든 요소는 스스로학습법을 실천하는 과정에서 자연스럽게 길러지며, 스스로학습법은 바람직한 인성의 선순환을 만든다.

01___

개인차, 자신에게 맞는
걸음을 걸어라

차별화가 경쟁력이다

"내가 낳은 자식들이지만 어쩌면 저렇게 다를까." 같은 부모 아래 태어난 자녀들이라도 생김새, 성격, 재능 등이 서로 다른 것을 보며 엄마들이 하는 말이다. 아이들은 제각기 다르다. 심지어 쌍둥이조차도 얼마나 다른지 모른다. 이렇게 서로 다른 아이들이 한 교실에서 똑같은 교재로 공부한다는 게 오늘의 슬픈 교육 현실이기도 하다. 학교에서는 어쩔 수 없이 성적에 따라 등수를 매기고 '한 줄로 줄 세우는 교육'이 계속되고 있다.

하지만 21세기에는 차별화가 새로운 경쟁력이 될 것이다. 차별화의 가치가 무엇보다 높이 평가되기 때문에 "21세기 화폐는 차별화"라고도 한다. 세계적인 명품들은 다른 제품과 차별화함으로써 성공했다는 공통점을 갖고 있다. 구두 명문가를 이룬 페라가모는 남몰래

야간대학에서 인체해부학을 공부하여 발이 편한 신발을 개발했고, 의류업계에서 세계 1위를 차지하고 있는 캐주얼 브랜드 자라ZARA는 옷 디자인부터 매장까지 10여 일밖에 걸리지 않는 패스트 패션Fast Fashion으로 차별화를 꾀하고 있다.

특히 4차 산업혁명 시대는 자신만의 고유한 생각을 가진 인재를 필요로 한다. 하버드대학은 신입생을 선발할 때 학교 성적 못지않게 자신만의 독창성을 알리는 에세이를 요구한다. 내 아이만의 독특한 능력을 키워주는 것이 오늘날 부모가 해야 할 일이다. 그런데 그 차별점을 어떻게 알아낼 수 있을까? 이때 길잡이가 되는 개념이 하버드대학 하워드 가드너Howard Gardner 교수의 다중지능Multiple Intelligence 이론이다.

하워드 가드너 교수는 기존의 IQ 검사가 광범위한 인간의 인지 능력 영역을 설명하지 못하는 것을 보고 새로운 지능의 개념을 개발했다. 즉, 인간의 지능은 하나로 된 것이 아니라 여러 가지로 구성되어 있다는 다중지능 이론을 제시한 것이다. 그는 "언어 지능, 논리 수학 지능, 공간 지능, 신체 운동 지능, 음악 지능, 인간친화 지능, 자기이해 지능, 자연친화 지능 등 8가지 이상의 지능이 존재한다"고 분석하면서 "앞으로 두뇌 연구가 활발해지면 더 많은 지능이 밝혀질 것"이라고 말했다.

어떤 아이는 언어 능력이 유난히 뛰어나고, 또 다른 아이는 수리 능력이 뛰어나다. 수학은 못하지만 운동을 잘하는 아이가 있는가 하면, 운동은 못하지만 음악을 잘하는 아이도 있다. 여러 분야에 골고루 재능이 뛰어난 사람이 있는가 하면, 특정 분야에서만 두각을 나타내기도 한다. 그런데 학교에서는 여러 과목의 평균 성적으로 줄 세우기를 하므로 고유의 지능 영역을 개발하기 어렵다.

《US & 월드 리포트US & World Report》지는 750여 년간 소련과 스웨덴의 속국이었으며 한때 세계지도에서 사라지기도 했던 핀란드가 초일류 강소국으로 발전한 원동력은 교육혁명이라고 특집으로 보도한 바 있다. 핀란드에는 학년 개념이 없으며 학업부진 학생은 교사의 1 대 1 특별 지도를 받는다. 어떤 학생도 낙오되거나 주눅 들지 않게 하는 것이 핀란드 교육의 특징이다. 학교 시험은 서열을 매기는 게 목적이 아니라 아이가 좋아하는 것, 잘할 수 있는 것, 장래의 직업을 찾아주기 위해서 치르므로 시험 중에 질문도 할 수 있다. 개인차를 교육에 잘 접목시킨 사례라고 하겠다.

올바른 교육은 개인차 인정에서 시작한다

2012년 제12회 국제수학교육대회가 서울에서 열렸을 때 간담회에 참가했던 뉴욕주립대 수학과 김명희 교수는 "한국 수학교육은 개인차를 존중하지 않습니다. 개인의 특성을 살릴 수 있는 교육법이 필요합니다"라고 말했다. 한국 수학교육이 대다수 학생의 평균적인 능력을 끌어올리는 데는 성과가 있었지만 개인별 특화된 교육이 아쉽다는 점을 지적한 것이다.

미국에서는 개인차를 인정하는 다양한 교육 방법을 실시하고 있기에 한국에서 수학을 포기했던 학생이 이민을 가서 수학에 재미를 붙이게 된 경우도 많다. 학급 진도를 맞추고 높은 점수를 받아야 하는 스트레스 없이, 자신의 수준에 맞춰 교육을 받을 수 있기 때문이다. 지인의 딸도 학교에 적응하지 못해 중학교 때 미국 친척집에 보내졌는데, 개인차를 인정하는 미국 교육시스템 덕분에 공부에 재미를 붙였고 고등학교 때는 학생회장까지 했으며 미국 대학을 졸업한 후 우수한 인재가 되었다.

능력과 수준에 맞는 학습

"다른 아이들은 잘 따라가는데 왜 우리 아이만 뒤처질까?" "남들은 다 하는데 우리 아이만 안 하면 안 되지." 이런 생각을 안 해본 부모는 거의 없을 것이다. 그런데 바로 이런 마음이 교육의 장애물이 된다.

같은 교과목에서 아이들의 성취도는 제각각이다. 한 교실에 앉아 똑같은 내용의 수업을 받아도 아이들마다 습득하는 수준은 다르게 마련이고, 시험에서 같은 점수를 받았을지라도 이해하는 영역과 정도는 각기 다르다. 스스로학습법에서 개인차에 집중하는 것은 이런 이유 때문이다.

"시작이 반이다"란 격언이 있다. 세상 모든 일이 그렇지만 첫 단추를 잘 꿰어야 일이 술술 풀리는 법이다. 학습도 마찬가지다. 특히 무한한 가능성을 가진 아이의 잠재력을 생각하면 학습의 첫 단추를 잘 꿰는 것이야말로 공부의 성패를 좌우하는 관건이 아닐까 싶다. 학습의 첫 단추는 학습능력과 수준을 정확히 진단하고 평가하는 일이다. 병원에 온 환자에게 가장 먼저 해야 할 일은 처방에 앞서 정밀한 진단이다. 학습도 마찬가지다. 아이들의 잠재력은 무한하고 그 소질이 개발되는 시기와 방법은 아이들마다 천차만별이다. 학습능력이나 수준은 같은 학년이라도 3~4개 학년 등급의 차이를 보이는 게 현실이다.

이러한 상황이라면 아이의 능력과 수준에 맞는 학습, 이른바 개인별·능력별 학습을 진행해야 한다. 요즘 교육시장에서 개인별·능력별 학습을 마치 유행어처럼 가볍게 홍보하는 것을 보면 혼신의 힘을 기울여 학습시스템을 개발해온 당사자로서 염려가 된다.

환자의 상태를 정확히 알려면 MRI(자기공명영상)와 같은 정밀진단 장비가 필요하듯이 아이의 학습 상태를 알려면 그에 못지않은 과학적이고 체계적인 학습진단평가 툴이 있어야 한다. 이런 툴 없이 개인별·능력별 학습을 시켜주겠다고 하는 것은 양두구육羊頭狗肉이나 다름없다. 자녀교육에 관심 있는 학부모라면 교재 선택에 여러 가지 기준이 있겠지만 개인별·능력별 학습을 가능케 하는 학습진단평가 시스템이 체계적으로 잘 짜여져 있는 교재가 어느 것인지 살펴보는 것이 중요하다.

그런 점에서 스스로학습법의 핵심 엔진이라고 할 수 있는 스스로학습시스템은 아이의 학습 능력과 수준을 정밀 진단하여 정확한 학습 출발점을 제시함으로써 개인별·능력별 학습의 토대를 잘 갖추었다고 자부한다. 그리고 이는 고객들로부터 40년간 인정받아왔다. 스스로학습시스템은 아이의 학습 상태, 즉 강점과 약점을 진단평가하여 학습의 결손을 메우고 학습의 내실을 기하도록 학습 출발점과 학습프로그램을 제공한다. 진단과 함께 약 처방을 해야 병이 낫듯이, 아이의 학습 결손을 치유하고 진정한 개인별 학습이 가능하도록 학습의 궤도를 정상화시키는 것이 스스로학습시스템이다.

02___

호기심, 물음표를 켜라

편견 없는 어린이의 눈으로 보라

"걱정 마, 너는 호기심이 무척 많으니까 성공할 거야." 발명왕 에디슨이 초등학교에서 문제아로 낙인찍혀 퇴학당했을 때 어머니가 건네준 위로의 말이다. 에디슨의 불타는 호기심이 그를 발명왕으로 만들었다. 호기심은 누구나 가지고 태어나는 '궁금해하는 마음'을 말한다. 아동 발달 측면에서 호기심이 중요한 이유는 그것이 인간의 모든 탐구 활동의 기본이자 인지와 정서 발달의 기초이며, 학습의 밑거름이 되기 때문이다.

미국의 발달심리학자 앨리슨 고프닉 교수는 『아기들은 어떻게 배울까』에서 "아기들은 요람 속의 과학자"라고 정의하고, "우주에서 가장 뛰어난 학습자라는 점에서 과학자와 아이는 같다"고 말한다. 아이들은 누가 강요하지 않아도 스스로 학습하고자 하는 본능을 갖고 있다. 이 책을 번역한 곽금주 서울대 교수는 "배움에 게으른 어른들과 달리 아기들은 준비된 모든 능력을 활용하여, 하나라도 더 빨리 효과적으로 익히기 위해 끊임없이 실험하고 검증한다. 무수한 실패와 오류를 겁내지도 않는다. 그렇게 얻어진 삶의 교훈과 지식을 아기는 하나씩 쌓아가면서 사람이 된다"고 덧붙인다. 아이는 정말 호기심으로 가득 찬 호기심 천국에 살고 있는 것이다.

'세계의 아이디어 공작소'로 불리는 MIT미디어랩의 모토는 '평생 유치원Lifelong Kindergarten'이다. 항상 편견 없고 호기심 많은 5살짜리 어린이의 눈으로 세상을 보라는 것이다. 만유인력을 찾아낸 뉴턴이 사과가 땅으로 떨어지는 것에 호기심을 가진 것은 어린아이의 눈으로 세상을 보았기 때문이다. 스티븐 스필버그 감독의 〈ET〉〈쥐라기 공원〉 등의 아이디어도 모두 어린 자녀들과의 대화나 놀이에서 나온 것이다. 자녀들이 성장한 뒤에는 어린아이를 몇 차례 입양해서 호기심을 얻어내기도 했다.

구글은 광고에서도 남다른 호기심을 자극한다. 구글이 고속도로변에 설치한 간판의 기업광고 문안은 "오일러의 수Euler`s Number에서 맨 앞에 등장하는 열자리 소수.com"이 전부다. 다들 무심코 지나쳐버리지만 호기심을 갖고 그 주소에 접속하면 스핑크스처럼 1차 수수께끼 문제가 나오고 그 수수께끼를 풀면 또 다른 수수께끼가 나온다. 이것까지 풀고 나면 구글의 채용 안내가 나온다. 호기심 가득 찬 인재를 뽑겠다는 구글의 철학을 엿볼 수 있다.

질문은 호기심 유발하는 도구

창의적 인재를 기르는 질문 교육법인 하브루타havruta가 새롭게 주목받고 있다. 하브루타는 히브리어로 친구 또는 공부하는 짝이라는 뜻이다. 짝을 지어 대화하고 토론하는 유대인 전통 학습법으로 호기심을 자극하는 데도 유용하다. 부천대 전성수 교수는 『부모라면 유대인처럼 하브루타로 교육하라』에서 "유대인이 세계에서 가장 영향력 있는 민족이 된 것은 질문하고 토론하는 하브루타 교육이 만든 기적이며, 우리도 교육방법을 바꾸면 유대인보다 훨씬 뛰어날 수 있는 잠재력을 가지고 있다"고 주장한다.

한국의 엄마들이 자녀의 공부와 성적에 불을 켜는 감시자라면 유대인 엄마는 호기심 북돋아주는 격려자이자 동반자 역할을 한다.

아이의 호기심을 이끌어낼 때 질문은 효과적인 도구가 된다. 하나의 질문이 새로운 질문으로 이어질 수 있기 때문이다. 아이들은 기본적으로 호기심으로 충만하다. 궁금한 게 많고 그런 궁금증을 해결하기 위해 끊임없이 질문을 한다. 여기에 적극적으로 답변을 해준다면 아이는 원하는 답을 얻을 뿐 아니라 다른 궁금증이 생겼을 때도 질문하며 스스로 답을 찾으려 노력할 것이다. 물론 부모가 정확한 답을 해줘야 하는 것은 아니다. 부모도 답을 모를 때는 "한번 알아볼까?" 하며 답을 찾아가도록 유도해주기만 해도 된다. 중요한 것은 아이의 마음속에 "궁금해도 질문하지 말자"라는 소극적인 마음을 갖지 않도록 호기심의 불씨를 꺼트리지 말아야 한다는 점이다.

아이가 질문할 때 정답만 알려주지 말고 스스로 생각하고 고민해볼 수 있는 상황을 만들어주는 게 좋다. 생각할 수 있는 힘을 키워주는 것이다. 또한 토론을 통해 지적 욕구를 자극하는 것도 필요하다. 대화와 토론을 하다 보면 자신에게 부족한 것과 더 알아야 할 것이 무엇인지 발견하게 된다. 이런 과정을 통해 새로 알아야 할 것에 대한 호기심이 끊임없이 생겨나고 지적 욕구도 커지게 된다.

호기심 이끌어내는 스스로학습법

모든 학습은 궁금해하고 알고 싶어 하는 호기심에서 출발한다. 특히 유아 시기의 학습에서 호기심은 매우 중요한 요소다. 사물이나 외부 세계에 대한 추상적인 관념이 형성되기 이전인 만큼 본능적인 관심을 자극할 필요가 있다. 이런 관점에서 〈재능수학〉의 유아등급(A, B, C등급) 교재는 아이들에게 친숙한 삽화를 통해 관심과 호기심을 자연스럽게 불러일으킨다. 동그라미를 학습할 때도 사과나무에 주렁주렁 열린 사과의 둥근 모습이나 금붕어가 노니는 둥그런 어항을 보여줌으로써 아이들이 접하는 실생활의 경험을 통해 학습에 대한 호기심을 높이는 것이다.

모든 아이는 뛰어난 능력을 발휘할 수 있는 소질을 가지고 있다. 그것을 자극해 발달시키는 데 호기심은 가장 좋은 도화선이다. 아이가 스스로 공부하려는 마음을 갖게 만드는 것도 호기심이다.

그런데 호기심을 충족시킬 수 없는 채로 진도만 나간다면 어떻게 될까? 아이의 머릿속 질문의 고리는 금세 끊어지고 만다. 의욕도 사라진다. 따라서 아이가 스스로 하려는 마음을 가질 수 있도록 도와주는 방법을 생각해야 한다.

스스로학습법은 아이의 머릿속에 떠오른 물음표를 충족시키는 동시에 또 다른 물음표를 불러오게 만드는 공부법이다. 그래서 아이 스스로 다음 물음표를 빨리 해결하고 싶어 답을 찾아 나서게 하는 것이 스스로학습법이다.

03___

재미와 흥미가
세상을 바꾼다

지적 탐구의 즐거움

'재미'는 영양이 풍부하고 맛도 좋은 음식
을 나타내는 자미滋味에서 나온 말로, 훌륭한 성과를 거두거나 보람
을 가졌을 때 느끼는 좋은 기분을 말한다. 공자는 이미 2,500년 전
에 배우고 복습하고 실천하는 데서 오는 기쁨을 역설했다. 몰랐던
것을 알게 되고 어렴풋이 알았던 것을 제대로 알게 되었을 때 느끼
는 지적 탐구의 즐거움을 스스로 깨닫게 하는 것이 무엇보다도 중요
하다.

공부에 재미를 느끼려면 수준에 맞는 과제를 적절히 업그레이드
해줌으로써 스스로 몰입해서 해답을 찾아내도록 유도해야 한다. 어
떤 일에 재미를 느끼면 몰입하게 마련이다. 나아가 몰입은 성과를
산출하므로 재미는 모든 창조 작업의 원천이라고 할 수 있다. 지난

2008년 노벨물리학상을 받은 마스가와 도시히데益川敏英 도쿄대 교수는 "재미가 있어서 그냥 몰두하다보니 노벨상까지 받게 되었다"고 수상 소감을 밝혔다.

아이들의 학습에는 2가지 비밀이 있다. 첫째, 인간은 스스로 가르치고 배우는 재미를 가지고 있다. 아이패드나 태블릿PC 같은 전자기기를 아이에게 주면 어떻게 사용하는지 금방 알아내서 어느새 즐기고 있는 것을 볼 수 있다. 가르쳐주는 사람이 없어도 자기 앞에 놓인 사물을 어떻게 사용할 것인지 스스로 학습하는 것이다.

둘째, 인간은 그 방법을 알아내기 위해 노력하는 메커니즘을 가지고 있다. 스스로 학습이 어려운 상황에서는 타인 혹은 다른 방법을 통해서라도 배우고 익히는 것을 즐기는 본성이 있는 것이다. "엄마, 이거 어떻게 하는 거야?"라고 도움을 요청하거나 설명서를 찾아보는 등 아이들은 어떻게든 배우려 하고 알고 싶어 하는 습성이 있다. 따라서 부모의 중요한 역할 중 하나는 이러한 습성을 잘 발현시키는 것이다.

뇌를 기쁘게 하는 학습습관

인간은 무언가를 달성해서 성취감을 느끼거나 다른 사람으로부터 칭찬을 들을 때에 큰 기쁨을 느낀다. 그때 뇌 안에서 쾌감을 느끼게 하는 '도파민'이 분비되기 때문이다. 정신과 의사인 이재원 원장은 『중독 그리고 도파민』에서 "도파민은 행복감을 주는 호르몬이고 중독성이 있다"고 소개한다. 행복감을 주는 도파민의 맛을 보면, 우리 뇌는 또다시 행복감을 느끼고 싶어서 더 높은 단계의 성취감을 얻으려 도전하게 된다. 공부해서 한 단계씩 지식이 쌓일 때 성취감을 느끼고 더 노력하려는 동기가 유발되는 것은 바로 이런 습성 때문이다. 성취감을 통해 재미를 느끼고 또다시 그 재미를 느끼기 위해 공부하는 습관을 갖게 되는 것이 도파민을 통한 강화학습이다.

서툴거나 못해서 재미를 느끼지 못하는 것은 도파민에 의한 강화학습 사이클이 제대로 반복되지 않아서다. 시도해봤는데 재미가 없고, 재미가 없으니 결과도 안 나오고, "난 안 되나 봐" 하는 자신 없는 마음이 생기면 정말로 그 일을 못하게 된다. 도파민이 분비되지 않아 재미가 없고 의욕이 상실되는 악순환이 거듭되기 때문이다.

반대로 도파민이 분비되어 강화학습 사이클이 돌기 시작하면 뇌는 긍정적으로 강화되어간다. "처음에는 쉽지 않았지만 해보니 되네. 되니까 재미가 생기는걸! 또 해봐야지." "또 해보니까 전보다 더 잘되네. 점점 재미있어지네. 나도 꽤 잘하는걸!" 이런 긍정적 사이클이 강화되면 공부는 재미있는 것이 된다. 그러면 누가 시키지 않아도 스스로 더 큰 재미를 느끼며 알아서 공부하는 단계에 이른다. 즉, 스스로 공부하는 사람이 되는 것이다.

재미를 느끼게 하는 스스로학습법

아이들에게 어렵고 재미없는 과목을 대라면 수학이라고 대답하는 경우가 많을 것이다. 최근 재미있는 수학이 화두가 될 정도로 수학의 따분함은 아이들과 학부모가 극복해야 할 큰 산이다. 수학이 재미있어야 한다는 당위론을 말하기 이전에 수학교재를 재미있게 구성하는 것이 내가 해야 할 역할이라고 생각하고, 최초의 프로그램식 학습교재인 〈재능수학〉은 철저히 그러한 원칙을 고수하려고 애썼다.

학습은 본질적으로 재미있고 흥미로운 과업이 될 수 있다. 그러나 자기 몸에 맞는 옷을 입고 운동해야 운동 효과가 높고 운동의 재미를 느낄 수 있듯이 아이의 수준에 맞는 학습이 전제되어야 한다. 그래서 개인별·능력별 학습이 가능한 스스로학습평가시스템 개발에 심혈을 기울인 것이다. 그다음 과제는 학습의 재미를 지속적으로 자극하는 교재 개발이었다. 인스턴트 탄산음료처럼 일시적이고 표피적으로만 입맛을 자극하는 것이 아니라 언제 먹어도 질리지 않고 몸에도 좋은 교재를 만들겠다는 욕심을 버리지 않았다.

1980년대 초반만 해도 수학하면 으레 연산능력을 떠올릴 정도로 연산에만 중독돼 있었다. 매일매일 끊임없이 반복되는 연산 훈련에 지친 아이들이 수학에 흥미를 잃고 마침내 수학에 등을 돌리는 일이 다반사였다. 그러나 〈재능수학〉은 연산 교재가 아니라 개념과 원리 이해를 통해 재미를 느끼게 하는 사고력 수학교재로 만들었다. 수학의 원칙을 알고, 이를 응용하여 어려운 문제를 척척 풀었을 때, 그 뿌듯한 느낌을 경험해본 학생이라면 진정한 수학의 재미를 알 것이다. 원리의 힘은 변하지 않고 오래 지속되며 시간이 갈수록 더욱 힘이 커진다. 학년이 올라갈수록 원리의 기초가 튼튼한 아이들이 실력을 유감없이 발휘하는 것은 당연하다. 또한 학습의 본질에 충실하면서도 재미의 요소를 자극하는 장치들을 교재 곳곳에 배치하는 것도 잊지 않았다. 10까지의 수를 학습할 때도 선 긋기 기법이나 수수께끼 퍼즐을 도입해서 재미있게 놀이하듯이 진행했다.

스스로 공부하기 위해서는 공부가 재미있어야 한다. 나한테 스트레스만 주는 사람은 만나기 싫은 반면 나에게 즐거움을 주는 사람은 자꾸 만나고 싶어지듯이 공부가 스트레스를 주는 대상이 아니라 즐거움을 주는 대상이 되어야 한다.

그렇다면 어떻게 아이들이 재미를 느끼도록 할 수 있을까? 우선 스스로 "내가 유능하다"고 느낄 수 있어야 한다. "하면 되네!" "나도 잘하는걸!" 하는 마음이 들 때 공부가 재미있어진다. 100점을 맞아본 아이는 전보다 공부가 더 재미있게 느껴질 것이다. 스몰 스텝으로 올라가면서 완전하게 알고 넘어가도록 하는 스스로학습법은 아이가 스스로 유능하다고 느끼게 한다. 100점을 맞고 내용을 확실히 알고 있다는 자신감이 생기면 공부도 재미있어진다. 그야말로 완전학습의 기쁨을 느낄 수 있는 것이다.

외부의 반응도 도움이 되는데, 칭찬이나 격려와 같은 피드백을 받으면 다음 단계로 나아가고 싶은 의욕과 흥미가 생긴다. 이때는 점수와 같은 결과만 칭찬해서는 안 된다. 시도를 했다는 것, 혹은 포기하지 않았다는 것만으로도 칭찬을 해줘야 한다. 비록 이번에는 실패했어도 그와 같은 격려가 동력이 되어서 다음번에 또다시 도전하게끔 결심하게 만든다.

또한 몰입의 즐거움을 알면 스스로 공부하게 된다. 아이가 재미를 느껴서 학습할 때는 집중력이 높고 이해도 빠르다. 말하자면 시간 가는 줄 모르게 빠지는데, 이를 몰입 상태flow라고 한다. 미국의 긍정심리학자 미하이 칙센트미하이Mihaly Csikszentmihalyi는『몰입의 즐거움』에서 "자기가 좋아하는 일을 할 때 몰입을 경험한다. 명확한 목표가 주어져 있고, 활동의 효과를 곧바로 확인할 수 있으며, 과제의 난이도와 실력이 알맞게 균형을 이루고 있다면 사람은 어떤 활동에서도 몰입을 맛보면서 삶의 질을 끌어올릴 수 있다"고 말한다.

이런 즐거움을 한번 경험하고 나면 그것을 다시 하려고 한다. 공부에서도 얼마든지 몰입의 즐거움을 느낄 수 있다. 특정한 학습에 스스로 재미를 붙이지 못한다면 과제가 능력에 비해 어렵다거나 너무 쉽다는 것이므로 수준에 맞는 적절한 학습을 통해 공부의 재미를 느끼도록 해야 한다.

04___

성취감,
스스로 이루어낸 행복

해냈다는 즐거움과 만족감을 맛보게 하라

성취감이란 시간과 열정, 에너지를 쏟아서 목적한 바를 이룩했을 때 느끼는 만족감을 말한다. 성취감을 느끼기 위한 전제는 무엇이든 스스로 시도해보는 것이다. 성취감은 자존감을 길러주며, 스스로 해낸 자기 자신이 대견하고 자랑스럽게 느끼도록 해준다. 또한 그 기분을 맛보기 위해 또 다른 성취감을 얻으려고 애쓰게 되면서 선순환이 이루어진다.

미국 밴더빌트대학의 실험 연구에 따르면, 다소 어려운 과제를 선택하여 힘들게 답을 구한 학생이 쉬운 과제를 푼 학생보다 뇌에서 도파민이 많이 분비되어 성취감이 크고 건강도 좋아졌다고 한다. 여기에 부모의 격려까지 보태지면 아이는 기분 좋은 경험을 다시 하고 싶어 지칠 줄 모르고 반복한다.

모든 아이들은 좋아하는 과목이나 관심 분야가 있다. 부모는 아이가 좋아하는 과목이나 쉽다고 느끼는 것부터 시작하도록 도와줌으로써 성취감을 맛보게 하는 게 좋다. 그리기, 만들기, 꾸미기, 읽기, 쓰기 등 방법은 많다. 하루하루 작은 성취감을 느끼면 학교생활이 즐거울 뿐만 아니라 학업성적도 향상된다.

미국에서 활동하고 있는 교육학자 박옥춘 교수는 『자녀 스스로 성취하게 하라』에서 성취감이 중요한 이유를 이렇게 설명한다. "'자녀 스스로 성취하게 하라'는 내가 평생 교육을 학문으로 연구하고, 두 아이를 낳아 기르면서 터득한 가장 귀중한 교훈이다. 자발적인 동기를 갖고 스스로 하는 학습이 마지못해 다른 사람으로부터 배우는 수동적 학습보다 더 효과적이라는 사실 때문만이 아니다. 가치와 보람을 느낄 수 있는 삶의 목적을 발견하고, 그 성취를 위해 스스로 노력하려는 마음의 자세는 학교 공부와 사회생활 모두에서 성공을 보장해주는 가장 튼튼한 바탕이 되기 때문이다."

그러나 자녀의 성공에만 집착하는 부모는 아이가 하려는 일에 계속 간섭하여 성취동기를 망치기도 한다. 부모가 도와주면 당장은 아이의 자신감이 높아지겠지만 이는 지속되기 어렵다. 도움이 없는 상황이 되어 혼자의 힘으로 할 수 없다는 것을 알면 스스로를 무능력하다고 느낄 것이기 때문이다. 성취감은 자신의 힘으로 시도하지 않고는 결코 느낄 수 없는 감정이다.

실패는 끝이 아니라 성취의 과정

많은 것을 배우고 익히는 아동기에 가장 빈번하고 중요한 삶의 경험은 '실패'다. 실패는 고통스럽지만 끊임없는 경험이자 성취의 과정이고 신나는 도전이어야 한다. 또한 강점과 능력의 진가를 발휘할 수 있는 기회이기도 하다. 그렇지만 실패 앞에 자신감을 잃고 도전 자체에 두려움을 느끼는 경우도 있다.

걸음마를 배우는 아기는 넘어져도 다시 일어나 걷는다. 다른 사람들이 보고 웃어도 창피해하거나 두려워하지 않는다. 오히려 배우는 게 재미있고, 조금이라도 더 잘 걸을 수 있으면 행복해한다. 그런데 만 3세쯤 지나면서 자신과 남을 구별하게 되고, 다른 사람의 피드백과 평가를 의식하기 시작한다. 잘 못하는 것을 안 하려고 하고, 실패에 대한 두려움을 갖게 되는 것도 이때부터다.

어떻게 하면 실패를 두려워하지 않는 아이로 키울 수 있을까? 부모의 격려가 중요한 역할을 한다. 실패는 끝이 아니라 성취의 과정이라는 것을 알게 하고 아이가 시도해온 노력을 칭찬해야 한다.

낮은 목표와 계속되는 성취감

성취 지향적인 부모 중 일부는, 내 아이가 최고가 되기를 바라고 조금의 실수도 하지 않기를 바란다. 그런 부모는 아이를 스트레스에 빠뜨린다. 아이는 부모를 실망시키지 않기 위해 열심히 따라갈지는 몰라도 스스로 공부의 재미를 맛볼 기회는 박탈당한다. 그래서 자신이 이루어낸 성과에서도 성취감을 제대로 맛보지 못한다.

아이에게 기회를 주고, 아이 스스로 공부에 욕구를 불러일으키도록 해야 한다. 부모는 아이가 힘들어도 포기하지 않고 끝까지 해낼 수 있도록 격려해주고, 잘해냈을 때 칭찬해주면 된다. 그럴 때 아이도 짜릿한 성취감을 느낄 것이다.

성취감을 높이기 위해 아이들에게 필요한 것은 내적 동기다. 스스로 배움에 흥미를 느끼고, 점점 발전하는 자신의 모습에 만족감을 느낄 때 아이들은 시키지 않아도 무섭게 집중하고 열심히 한다.

또한 스몰 스텝 전략을 택하도록 한다. 목표를 높게 잡지 말고, 쉽게 이룰 수 있는 작은 단위로 나누어 올라가는 것이다. '하루 한 시간 책 읽기'라는 목표를 잡으면 작심삼일이 되기 쉽다. 하지만 '하루 5페이지씩 읽기'라면 훨씬 달성하기 쉽다. 아무리 작은 목표라도 달성하면 '해냈다'는 성취감이 따라온다. 이런 성취감을 지속적으로 맛보면서 성공의 습관을 들이는 것은 무척 중요하다.

스스로학습법은 한때 '100점 학습법'으로 불리기도 했다. 스스로학습교재로 공부하는 아이들은 교재 채점을 하면 100점을 맞는 일이 다반사였고, 이런 성취감으로 자신감이 넘치는 아이들이 재능회원의 상징처럼 여겨졌다. 스몰 스텝으로 구성된 재능교재는 어려움을 느끼지 않고 항상 100점을 맞으며 진도를 나아가게 되어 있기 때문이다.

　스스로학습법은 프로그램식 학습이론에 따라 모든 아이들이 100점을 맞을 수 있고 또 100점을 맞도록 학습을 진행시켜 학습의 성취감을 맛볼 수 있도록 되어 있다. 프로그램식 학습이론에서 강조하는 '최소 오류의 원리'를 적용해 아이들이 오답이 아니라 정답을 찾을 수 있도록 치밀하게 문항을 구성해놓았다. 성취감을 맛볼 수 있도록 배려한 치밀한 교재 구성 노하우이기도 하다.

　스스로학습법의 전략은 자신의 능력으로 해낼 수 있는 목표를 잡고, 그것을 달성해가면서 지속적으로 성취감을 느끼게 하는 것이다. 그러면 자신감이 생겨서 어떤 문제 앞에서도 위축되지 않고 시도하려는 의욕을 갖게 된다.

05___

자신감은 평범함도
위대하게 만든다

스스로를 믿는 것이 자신감이다

'자신감 있고 당찬 아이'는 모든 부모들이
바라는 자녀의 모습이다. 자신감 있는 아이는 자신을 믿고 미래를
긍정적으로 기대한다. 학교에서도 좋은 성적을 받을 수 있다고 기대
하기 때문에 적극적이고 주도적으로 학습하고, 낯선 상황에서도 위
축되거나 불안해하지 않는다. 오히려 호기심을 가지고 편안하게 상
황을 탐색하며 솔직하게 자신을 드러낼 수 있다. 다른 사람의 눈에
자신이 어떻게 보일지 크게 신경 쓰지 않는다.

로마의 철학자이며 네로 황제의 스승이었던 세네카는 "어려움 때
문에 자신감이 부족한 것이 아니라 자신감이 없기 때문에 어려움이
생긴다"라고 말했다. 미켈란젤로가 15년간 시스티나성당 천장에 매
달려 〈천지창조〉라는 걸작을 만들고 퀴리 부인이 난로도 없는 냉방

연구실에서 밤을 지새울 수 있었던 것도 자신을 믿으며 기대하는 자신감 덕분이었다. 어떻게 하면 우리 아이들에게 자신감을 키워줄 수 있을까?

평가하지 않고 인정해야 한다

"자녀양육은 아이에게 무언가를 전달하는 것이 아니라 부모가 자신의 내면에서 무언가를 계발하는 것이다. 자제력 있는 부모가 결국 자신감과 책임감 있는 아이를 키워낼 수 있는 힘을 지니고 있다." 미국의 아동상담전문가 베키 A. 베일리 Becky A. Baily 박사가 『엄마의 자제력이 아이의 자신감을 키운다』에서 주장한 내용이다. 엄마의 자제력과 아이의 자신감은 동전의 양면과 같다는 뜻이다.

베일리 박사는 간단한 예를 들어 설명한다. 아이들은 하루에 수도 없이 "엄마, 나 좀 봐!"라면서 부모에게 물어보고 인정받고 싶어 한다. 하지만 어른들은 인정하기보다는 평가하려는 경향이 있다. 아이가 "나 좀 봐, 철봉에 매달렸어!"라고 자랑하면 "세상에, 정말 높이 올라갔구나!"라고 하면 될 텐데, 대부분의 어른들은 "잘했어!"라고 짤막하게 대답하고 만다. 아이의 행동을 인정하는 대신 평가하려 들기 때문이다. 부모가 너무 자주 평가할 경우 아이는 자라면서 점차 "내가 제대로 하고 있는 걸까?"라는 회의를 품게 된다. 이런 일이 쌓이면 아이들은 점점 자신감을 잃게 된다. 따라서 어른들은 아이들을 평가하려는 욕구를 자제하고 아이의 모습에서 최고를 바라보는 사랑의 힘을 길러야 한다. 그래야 아이들이 자신감과 책임감을 갖고 자랄 수 있다.

자신감은 스스로 해낼 때 나온다

자신감의 근원은 자존감이다. 자존감은 자신이 "얼마나 사랑받을 만한 가치가 있는 사람인가?"에 대한 자기 인식에 근거한다. 그리고 자신감은 "얼마나 능력 있는 사람인가?"에 대한 자신의 주관적인 평가에 의해 만들어진다.

가족심리 전문가인 케빈 리먼Kevin Leman 박사는 『자녀교육, 심리학에게 길을 묻다』에서 아이의 능력을 키우는 방법을 제시한다. "아이들이 능력을 갖기를 원한다면 아이들에게 책임을 부과하라. 강아지 먹이를 주는 일이든, 자전거를 고치는 일이든, 혹은 저녁 식사를 준비하는 일이든 아이가 자발적으로 어떤 일을 해내면 아이에게 '잘했구나, 너도 기분이 좋겠는걸'이라고 말해주어라. 제대로만 활용한다면 아이는 스스로 어떤 일을 해냈다는 성취감을 얻을 것이다." 그리고 이렇게 덧붙인다. "당신이 아이를 대신해서 모든 일을 해주면 아이는 자라지 않는다. 진정한 자존감은 오히려 스스로 도움이 되거나 자기 스스로 과제를 했을 때 형성된다."

초등학교 입학 이후에는 학업성적이 아이들의 자신감 형성에 큰 영향을 미친다. 공부를 잘하는 만큼 자신의 능력에 대한 확신, 즉 자신감을 갖기 쉽다. 그래서 많은 부모들이 아이의 공부를 도와주며 성적 향상에 힘쓰지만 원하는 결과가 나오지 않을 때가 많다.

그러나 진짜 자신감은 스스로 해낼 때 나온다. 도움을 받아서 성취한 것에 대해서는 온전히 내 힘으로 한 것이 아니라는 생각이 마음 밑바닥에 남고, 그것이 발목을 잡아 자신감을 약화시킨다. 따라서 스스로 학습하는 습관을 키워주는 것은 자신감을 길러주는 좋은 방법이다.

작은 성취의 반복으로 얻는 자신감

스스로학습법의 특징은 스몰 스텝으로 올라가는 것이다. 과정이 잘게 나누어져 있어서 무리하지 않고도 물 흐르듯이 쉽게 다음 단계로 넘어가며 학습할 수 있다. 이전 단계까지는 완전하게 알았다고 해도 다음 단계의 내용을 한번에 많이 공부하게 되면 소화시키는 데 시간이 걸리며, 완전히 알 때까지 고통을 겪어야 한다. 그러나 잘게 나뉘어져 있는 목표를 하나씩 올라갈 때는 그런 부담이 없다. 10개를 이해하긴 힘들지만 1개를 이해하는 건 쉽다. "나는 새로 배운 것도 잘하네!" 하는 마음에 자신감이 붙는다. 혹시 자신 없는 부분을 만났다 하더라도 스몰 스텝으로 올라가기 때문에 적은 부담으로 반복하며 완전히 습득하기까지 그다지 많은 노력이 필요하지 않다.

작은 노력을 통해 자신 없던 부분을 완벽하게 이해하고 받아들이면 아이는 큰 자신감이 생긴다. "해보니 별거 아니구나. 할 수 있구나!" 이런 과정이 반복되다 보면 다음에 어려운 문제를 만났을 때도 당황하지 않게 된다.

06___

동기,
사람을 움직이는 무한동력

무엇이 아이를 움직이는가?

　미래학자 다니엘 핑크Daniel Pink는 『드라이브』에서 그동안 인간 행동의 원천으로 알려진 배고픔과 갈증 해소 등 생물학적 욕구와 보상을 추구하고 처벌을 피하려는 외부 욕구 외에 제3의 드라이브(내적 동기)가 있다고 주장했다. 즉, 사람들을 자발적으로 움직이게 만드는 것은 바로 내적 동기의 충족이라는 것이다.

　대부분의 부모들은 아이가 학습 동기를 가지고 스스로 공부하기를 기대한다. 적절한 학습 동기 부여는 아이가 스스로 공부하는 근원이자 어떤 상황에서도 포기하지 않고 끝까지 완주할 수 있도록 만드는 무한 동력이 된다. 어떻게 하면 우리 아이들의 학습 동기를 자극하여 스스로 열심히 공부하는 아이가 되게 할 수 있을까? 이 질문의 답도 '내적 동기'에서 찾아야 한다. 내적 동기는 자기 안에서 자발적으로 우러나오는 욕구이므로 무엇보다 강력하다.

"숙제 다 하면 TV 보게 해줄게" "시험 잘 보면 게임기 사줄게"라는 식의 보상이나 칭찬 또는 "이번에도 시험 망치면 게임은 금지야"처럼 처벌에 대한 위협 같은 것은 외적 동기에 속하는데, 아이는 보상을 받거나 처벌을 받지 않기 위해 공부하기도 한다. 더러는 이런 동기가 효과적으로 작용하기도 한다. 칭찬이나 상을 받고 싶은 생각에 열심히 공부해서 좋은 성적을 내는 아이들도 많다. 그러나 공부는 일회적인 것이 아니다. 매 시험, 매번의 숙제, 매 시간의 공부에 조건을 내걸 수는 없고, 그것이 지속적으로 효과를 낼 수도 없다. 중요한 것은 내적 동기다. 스스로 목표를 달성하고 성취하려는 의욕이 있을 때 아이는 스스로 공부한다.

학습동기 불러일으키는 스스로학습법

외적 동기를 부여하는 것이 무조건 나쁜 것만은 아니다. 다만 적절하게 사용되어야 효과가 있다. 미국 컬럼비아대학의 토리 히긴스Tory Higgins 교수는 『어떻게 의욕을 이끌어 낼 것인가』에서 "성취 지향적인 사람과 안정 지향적인 사람의 동기 부여 방식이 다르다"는 사실을 밝혀냈다.

성취 지향적인 사람들은 긍정적인 면을 크게 본다. 이들은 낙관론과 칭찬에 가장 잘 반응하고, 모험에 뛰어들거나 기회를 붙잡을 가능성이 높으며, 창의성과 혁신 능력이 뛰어나다. 하지만 이들은 실수를 범하기가 쉽고, 충분히 생각할 가능성이 낮으며, 일이 잘못될 때를 대비하지 않는다.

반면에 안정 지향적인 사람들은 안정감을 중시한다. 이들은 박수 갈채나 낙관적인 전망보다는 열심히 노력하지 않았을 경우에 돌아올 비판이나 실패를 두려워한다. 그래서 더 적극적으로 행동하는 것으로 나타났다. 이들은 현상의 유지를 원하기 때문에 모험을 회피하지만 업무 결과는 정확하게 처리한다.

따라서 자녀의 양육 방식도 성향에 따라 달라져야 한다. 성취 지향적인 아이들에게는 노력과 성과를 칭찬하고 고무하는 동기 부여 방식이 잘 통한다. "네가 학교 공부를 잘하면 나는 네가 무척 자랑스러울 거야." 그러나 안정 지향적인 경우에는 오히려 "네가 학교 공부를 잘 못하면 나는 무척 실망스러울 거야" 같은 표현이 실질적 동기 요인이 될 수 있다고 말한다. 하지만 부정적인 표현을 쓸 때는 항상 신중해야 한다. 아이의 잘못에 대해 적절한 책임을 묻되 아이의 인격이나 성격을 비판해서는 안 된다. 두 양육 방식은 서로 장단점이 있으므로 부모는 자녀들의 성향에 맞추어 치우침이 없도록 접근해야 한다.

외적 동기로 가장 많이 사용하며 가장 효과적인 것이 칭찬이다. 그러나 아이에게 하는 지나친 칭찬은 오히려 아이의 동기를 꺾는 역효과가 있다. 과도한 칭찬이 올가미를 씌워 성공 강박증에 시달리는 아이로 만들 수 있기 때문이다. 더 나쁜 것은 무책임한 채찍질이다.

처벌에 길들여진 아이는 자기 자신에게만 온통 마음이 쏠리고, 결국 이기적이고 자기중심적인 사람이 되고 만다.

스스로학습법으로 공부한 아이들은 공통점이 있다. 누가 시키지 않아도 보상을 내걸거나 처벌의 위협을 하지 않아도 알아서 스스로 공부한다는 점이다. 바로 호기심, 재미, 성취감, 자신감과 같은 내적 동기가 충만한 까닭이다.

학습에는 내적 동기가 중요하지만 아이들의 경우는 학부모와 선생님의 역할 또한 중요하다. 스스로학습법에서 학습습관을 잡아주는 학부모와 칭찬 격려로 학습의욕을 불러일으켜주는 선생님의 역할을 스스로학습시스템과 함께 삼위일체로 규정한 것도 그런 이유에서다.

07 ____

반복,
꿈을 향해 내딛는 발걸음

프로와 아마추어의 차이

1998년 5월, 우리나라가 IMF 외환위기를 맞아 실의에 빠졌을 때 온 국민에게 큰 위안을 주었던 인물이 골프 선수 박세리다. 그녀는 LPGA 우승 직후 "연속되는 시합에 피곤하지 않느냐?"는 기자의 질문에 "오히려 시합 날은 내게 휴일이다"라고 엉뚱한 답변을 했다.

피겨 여왕 김연아도 "집중해서 수없이 동작을 반복하다 보면 동물적 본능으로 익숙해지고 자신감도 생기며 주변의 소음이나 반응에 초연해질 수 있다"고 털어놓았다. 평소에 얼마나 고된 훈련을 반복하는지 짐작이 가는 대답이다. 고수와 하수, 프로와 아마추어의 차이는 효과적인 반복 훈련의 지속 여부로 판가름이 난다.

학습學習이라는 한자에도 반복을 연상하는 오묘한 뜻이 숨어 있다. 학學은 어린아이가 책상 위에 널려 있는 책과 각종 도구를 가지고 공부도 하고 놀이도 하는 형상이다. 습習은 겨드랑이 속살이 하얗게 드러난 어린 새가 부단히 날갯짓을 반복하는 모습을 형상화한 글자다.

그러나 단순한 기계적 반복보다는 적절한 수준에서 스스로 학습하려는 동기를 갖고 더 나은 목표를 지향하는 반복학습이 좋은 효과를 거둘 수 있다. 반복 훈련은 스스로 공부하는 아이로 만드는 데도 물론 필요하지만 무조건적인 훈련은 공부에 대한 흥미를 떨어뜨린다. 심한 경우 공부에 거부감을 느끼게 해 학습 포기자로 만들기도 한다. 스스로 공부하는 아이로 만들기 위해서는 공부에 재미를 느껴서 자신감을 얻고 성취감을 느끼는 과정을 반복해서 경험하게 해야 한다.

신년이 되면 헬스장은 사람들로 북적인다. 새해부터 운동을 하겠다고 새롭게 결심하는 사람들이 많은 까닭이다. 하지만 한 달이 채 지나기도 전에 절반 가까이 사라지고 만다. 결심이 지켜지기 어렵다는 반증인 셈이다. 그런데 운동하는 습관을 성공적으로 이어갈 수 있는 좋은 방법이 바로 '스몰 스텝' 전략이다. 전문가들은 '하루 1시간씩' 하겠다고 결심하기보다 '하루 10분씩' 하겠다고 결심하기를 권한다. 10분은 너무 쉬워서 누구라도 지킬 수 있다. 이것을 한 달 동안 지속해낸다면 이미 꾸준히 해나갈 수 있는 훈련이 되어 있는 셈이니 더 어려운 단계로 나아가도 좋다.

스스로학습법을 통한 반복학습 지속하기

인간은 무엇인가를 배운 뒤 1시간만 지나면 그중 절반 정도를 잊어버리고, 일주일이 지나면 75%를 잊어버린다. 그러나 배운 내용을 복습하고 정기적으로 공부하면 다시 기억할 수 있다. 반복학습은 그만큼 중요한 것이다.

그런데 반복학습은 쉽지 않다. 반복은 지루하기 때문이다. 수적천석水滴穿石이란 말이 있다. "물방울이 계속 떨어지면 돌에 구멍이 난다"는 말로, 무엇이든 꾸준히 하면 이루어진다는 의미를 담고 있다. 무슨 일이든지 꾸준히 지속적으로 하는 것은 어렵지만 반복과 복습의 의미를 깨달으면 지속적으로 할 수 있는 힘이 생긴다.

바둑 용어에 '복기復碁'가 있다. 프로선수들은 바둑이 끝나면 어디에 무엇이 잘못되었는지 다시 재현해본다. 스스로 되돌아보는 것이다. 바둑의 복기는 완전학습의 좋은 모델이다.

기업 교육 강사들은 "우리나라의 교육은 100점, 훈련은 0점"이라는 우스갯소리를 한다. 기업들이 새로운 교육 트렌드를 공부하는 데는 열심이지만 배운 교육을 실천하지 않는다는 사실을 꼬집은 것이다. 공부도 마찬가지다. 새로운 것을 아무리 공부해도 몸에 익히지 않으면 자기 것이 되지 않는다. 학습은 배우기만 해서는 반쪽짜리밖에 안 된다. 반드시 익히는 단계가 있어야 한다. 배우고 익히는 게 학습이라는 점을 명심하지 않으면 안 된다.

스스로학습법은 반복학습을 강조한다. 머리만 아는 지식이 아니라 손과 몸으로 체득된 학습을 지향한다. 개념과 원리를 이해하면 지속적인 반복 훈련을 통해 학습이 몸에서 녹아나오는 수준까지 이르도록 하는 것을 목표로 한다. 이것이 진정한 앎이며 학습이기 때문이다.

재능교재는 이러한 반복학습의 원리에 충실하게 구성되어 있다. 한번 배운 학습 목표가 어느 단계에서 완성되었다고 해서 끝이 아니며, 더 높은 수준에서 반복학습할 기회를 제공함으로써 학습이 더 단단해지고 깊어지도록 구성했다.

재능수학 스스로학습시스템의 설계도를 보면 2,600여 개에 달하는 방대한 학습 목표 하나하나가 어느 단계에서 처음 학습하고E, exercise 어느 위치에서 반복훈련R. repeat되는지, 복잡한 지하철 노선표 마냥 꼼꼼하고 치밀하게 표시돼 있다. 이처럼 눈에 보이지 않는 정밀한 선후속 학습위계 설계도에 따라 스스로학습시스템이 운영되고 있기에 스스로학습이 효과적인 학습법으로 인정받는 것이라 자부한다.

재능교육 스스로학습교재는 나선형 학습의 원리를 교재 전반에 적용하여 완전학습에 이르는 데 도움을 주고 있다. 나선형 학습이란 아이의 발달 단계에 맞춰 학습내용이 조금씩 깊어지고 넓어지는 것으로 달팽이 껍질과 같다고 해서 붙여진 이름이다.

특히 〈재능수학〉은 연산 위주의 일반적인 학습교재와 달리, 수의 인식, 연산, 도형, 측정, 규칙성 등 수학의 전 영역을 골고루 포괄함으로써 수학의 개념과 원리를 충분히 이해할 수 있게 만들었다. 또한 유아에서부터 점차 학년이 올라가면서 앞서 배운 내용을 지속적이고 반복적으로 학습하게 하여 수학적 이해를 더욱 심화·확대하는 데 주력하고 있다.

08___

집중력,
마음과 생각을 다해 몰입한다

시간의 양이 아니라 질이 중요

볼록렌즈로 햇빛을 모아야 종이가 불타듯이 마음이나 주의를 오로지 한곳에 몰입하는 집중력은 엄청난 성과를 나타낸다. 집중력은 선천적으로 타고난 것이 아니어서 훈련을 통해 향상될 수 있으며, 학년이 올라갈수록 머리 좋은 아이보다 집중력 높은 아이의 성적이 앞선다.

'1만 시간의 법칙'은 잘 알려져 있지만 일부 오해도 있다. 이 이론의 창시자인 심리학자 안데르스 에릭슨Anders Ericsson은 『1만 시간의 재발견』에서 1만 시간에 대한 사람들의 오해를 지적한다. 그는 "1만 시간의 법칙의 핵심은 '얼마나 오래'가 아니라 '얼마나 올바른 방법'인지에 달려 있다"며 "시간의 '양'이 문제가 아니라 '질'이 중요하다"고 강조한다.

머릿속에 다른 생각이 가득 찬 상태로 피아노 연습을 1만 시간 한 것과 온통 집중해서 1만 시간 한 것은 비교할 수 없을 만큼 큰 차이가 난다. 장거리 달리기 선수를 대상으로 연구한 결과는 흥미롭다. 아마추어 선수들은 달리는 동안 공상을 하거나 즐거운 것을 생각하면서 긴장과 고통을 잊으려 하는 경향이 있는 반면에 엘리트 선수들은 힘들게 달리는 중에도 신체의 반응에 주의를 기울이면서 최적의 페이스를 찾아내고 달리는 내내 자기조절을 통해 상태를 유지한다. 같은 양의 시간을 연습했지만 그 시간의 질은 전혀 달랐던 것이다.

이것이 집중력의 차이다. 70%의 집중력으로 장시간 연습하는 것보다 100%의 집중력으로 단시간 연습하는 편이 낫다. 공부도 마찬가지다. 책상 앞에 오래 앉아 있다고 해서 더 많이 공부하는 것은 아니다. 문제는 집중력이다. 집중력은 스스로학습법의 출발점이자 행복한 미래의 성장 엔진인 셈이다.

미국 유학 시절 성적이 좋지 않아 고민하다가 집중력 활용 공부법을 터득하여 최상위 성적을 차지했다는 서울대 재료공학부 황농문 교수는 "최선을 다해 집중했을 때의 성과와 즐거움은 무엇과도 비교할 수 없었다"고 회고하고 있다. 황 교수는 "문제가 쉽게 풀리지 않는다고 해서 해답부터 찾아보면 창의력과 집중력이 떨어지므로 화장실에 가거나 식사 시간, 걸어 다니는 자투리 시간에도 풀리지 않는 문제에 몰입하고 도전하는 습관을 길렀다"고 한다. 아이들도 개개인의 IQ, 교육 환경, 심리 상태 등의 조건을 감안한 맞춤형 훈련을 통해 집중력을 기를 수 있으며, 몰입에 따른 희열을 맛보아야 한다.

자신감 없으면 집중력도 떨어져

많은 사람들 앞에서 긴장하고 주눅 들어 할 말을 잊어버리고 당황하는 경우가 있다. 자신감을 잃으면 우리 뇌도 압박을 받아서 주목하고 집중하는 능력이 떨어진다.

시험을 보다가 모르는 문제에 당황해서 아는 문제까지 실수를 하는 아이들도 많다. 중요한 시험일수록 압박감이 크기 때문에 그런 실수를 저지르기 쉽다. 어떤 문제를 실수로 틀렸더라도 괜찮다면서 스스로를 다독일 수 있다면 집중력을 잃지 않을 수 있다. 축구 경기에서 1점을 먼저 내주었더라도 집중력을 잃지 않으면 충분히 만회할 수 있다. 반대로 위축돼서 집중력마저 잃으면 그동안 연습해온 것이 수포로 돌아가고 만다.

"뭔가를 망쳤을 때 그 일로 자신의 장점을 잃지 마라. 다음에, 또는 그다음에 제대로 해낼 수 있다는 자신감을 느껴라. 압박받지 않을 때 많은 정보를 암기할 수 있음을 스스로 증명하라." 미국의 사회심리학자 로이 바우마이스터Roy Baumeister 교수가 『의지력의 재발견』에서 한 말이다. 누구에게나 실패와 실수의 순간은 있다. 다만 그 순간을 잘 견뎌냈는지 여부에 따라 결과가 판이하게 달라진다.

그러므로 "난 이걸 알 수 없으니까 형편없어"에서 "난 결국 제대로 이해할 거야, 알 수 있어!"로 태도를 바꾸어야 한다. "난 할 수 없어"라는 마음이 들면 집중력도 떨어지고 논리적으로 생각하는 힘이 약해지면서 판단력도 저하된다. 안 좋은 결과를 맞이할 가능성만 높이는 것이다.

집중력 높이는 스스로학습법

집중력을 높이려면 어려서부터 공부습관을 잘 잡아줄 필요가 있다. 가톨릭의대 소아청소년과 김영훈 교수는 『아이의 공부두뇌』에서 아이의 집중력을 다음과 같이 소개한다. "대부분 아이는 한 가지에 오랫동안 집중하는 일이 그다지 흔치 않다. 취학 전 아이가 무언가에 효과적으로 집중할 수 있는 시간은 20분이 채 안 된다. 자신이 좋아하는 놀이라 하더라도 2세 아이는 20초, 3세 아이 1분, 4세 아이 3분, 5세 아이의 경우 5분 정도 집중력을 발휘할 뿐이다. 영유아를 위한 프로그램을 한번에 기껏해야 10~15분이라는 짧은 시간 안에 일사천리로 마무리하는 것도 이런 이유에서다. 〈뽀로로〉 애니메이션이 영유아에게 크게 히트를 친 것도 7분 안에 모든 사건이 마무리되기 때문이다."

스스로학습법이 학습의 양을 10~20분 단위로 나눈 것도 집중력 때문이다. 초등학생은 영유아보다 낫지만 한번에 집중할 수 있는 시간은 길지 않다. 무리하게 공부 시간만 늘린다고 해서 머리에 들어오는 게 아니며, 오히려 공부에 지칠 수가 있다. 그러므로 짧은 시간에 집중하는 훈련을 할 수 있는 스스로학습법에 따라 공부하다 보면 항상 100점을 맞게 되고 성취감과 자신감이 충만해져서 자연스럽게 집중력이 향상된다.

그렇다면 부모가 할 일은 무엇일까? 집중력을 방해할 만한 환경적인 요소를 차단하는 것이다. 요즘은 이런 부모를 '빗자루 맘'이라 부른다. 아이가 스스로 공부하고 결정하도록 방해 요인들만 빗자루로 쓸어내는 것이다. 집중력을 방해하는 요소로는 아이의 공부방 환경부터 가족관계까지 다양하게 생각해볼 수 있다. 공부하는 책상 주변에 관심을 끄는 잡다한 것들이 놓여 있으면 집중력에 방해를 받는 건 당연하다. 마음이 불편해도 공부에 집중하기 어렵다. 따라서 아이의 이야기에 귀를 기울여서 무엇에 마음을 빼앗기고 있는지 알아보고 도와주어야 한다. 그런 환경까지 갖추어질 때 아이는 공부에 집중할 수 있게 된다. "정신을 한 곳으로 모으면 이루지 못할 일이 어디 있겠는가(정신일도하사불성, 精神一到何事不成)?" 예부터 내려오는 이 말의 의미를 다시 음미해볼 필요가 있다.

스스로학습법은 하루 10분의 집중력이 100분의 산만한 학습보다 훨씬 탁월하다고 일찌감치 주장해왔다. 한때 TV 광고 카피로도 활용할 정도였다. 그만큼 집중력 있는 학습은 학습효과를 높이는 데 결정적인 요소인데, 이때 한 가지 고려해야 할 유의 사항이 있다. 아이들의 연령 발달 단계에 맞는 집중력을 염두에 두고 학습을 진행해야 한다는 점이다. 아이의 발달 단계에 따라 집중할 수 있는 시간과 정도가 다르고, 또 같은 연령대라도 아이마다 집중하는 스타일과 수준이 다르다는 점을 반드시 고려해야 한다. 이것이 스스로학습의 차별점이다.

집중력의 범위를 벗어난 학습은 이미 스스로학습이 아니며, 학습의 재미와 성취감 등 학습의 긍정적 요소를 갉아먹는 악재임을 상기해야 한다. 재능교재가 아이들의 학습연령에 따라 교재 문항 수를 달리하거나 하루 10분 정도, 혹은 교재 2~3장 정도의 분량만 하도록 유도하는 것도 아이들의 집중력의 범위를 고려했기 때문이다.

09 ___

습관,
꾸준함으로 몸에 익혀라

습관이 인생의 성패 좌우한다

다음 퀴즈를 풀어보자. 여기서 말하는 '나'는 누구일까?

"나는 여러분의 충실한 동반자다. 나는 여러분의 가장 큰 지원자이기도 하고 가장 무거운 짐이기도 하다. 나는 여러분을 전진하게 하거나 실패로 끌어내릴 것이다. 나는 완전히 여러분의 통제하에 있다. 여러분이 하는 행동의 절반은 내게 맡겨지며, 나는 그것을 제대로 빨리 처리할 것이다.

여러분이 내게 단호한 태도를 취한다면 나는 쉽게 다루어질 수 있다. 여러분이 무엇을 어떻게 하고 싶은지 내게 정확히 보여주기만 한다면 나는 몇 번 연습을 해본 후에 저절로 그것을 하게 될 것이다.

나는 모든 위대한 인간의 하인이다. 동시에 모든 낙오한 인간의 하인이기도 하다. 위대한 사람들과 있을 때 나는 위대한 것을 만들어냈다. 실패한 사람들과 있을 때는 실패를 만들어냈다. 나는 인간의 지능으로, 또 기계와 같은 정확성으로 이 모든 일을 하지만 나는 기계는 아니다.

여러분은 자신의 이익을 위해 나를 움직일 수도 있고, 혹은 파멸을 위해 나를 움직일 수도 있다. 하지만 내게는 어느 쪽이든 차이가 없다. 나를 취하라. 나를 훈련시켜라. 내게 단호하라. 그러면 나는 여러분의 발밑에 세상을 대령할 것이다. 하지만 나를 우습게 여기면 여러분을 파멸로 이끌 것이다."

과연 나는 누구일까? 존 맥스웰의 『생각의 법칙』에 나오는 구절로, 정답은 '습관'이다. 공자는 "인간의 본성은 서로 비슷하나 후천적 습관은 큰 차이가 난다(성상근야 습상원야, 性相近也 習相遠也)"라고 가르쳤다. 선천적으로 타고난 본성은 차이가 나지 않지만 시간이 지나면서 습관의 차이에 따라 다른 인물이 된다는 것이다. 고대 철학자 아리스토텔레스도 "탁월함은 한 차례의 행동이 아니라 반복된 습관으로 이루어진다"고 주장했다. 습관은 그만큼 중요해서 인생의 성패를 좌우하는 열쇠가 된다. 성공한 사람은 좋은 습관을 가지고 있고, 실패한 사람은 결국 나쁜 습관 때문에 실패했다고 볼 수 있다.

'아시아의 피터 드러커'라고 불리는 지식 경영의 대가 노나카 이쿠지로野中郁次郎 교수는 『지식경영』에서 지식을 형식지形式知와 암묵지

暗黙知로 구분한다. 형식지는 보고서나 교과서처럼 겉으로 드러나는 형식화된 지식인 반면 암묵지는 겉으로 드러나지 않는 머릿속의 지식이다. 조직이 활성화되려면 드러난 지식뿐만 아니라 구성원의 머릿속에 잠자고 있는 지식을 최대한 활용해야 한다.

암묵적 지식은 '몸에 배어 있는' 것이며, 이는 곧 습관을 들인다는 뜻이다. 몸에 밴다는 것은 뇌에 새겨져서 특정한 행동이나 사건에 뇌가 자동적으로 반응할 수 있도록 새로운 신경망 구조를 잘 만들어둔다는 의미다. 이런 습관을 들이기 위해서는 부단한 훈련과 연습이 필요하다. 모든 종류의 훈련이나 연습은 뇌에 새로운 신경망을 만들어내며, 그렇게 함으로써 습관이 되는 것이다.

잘 잡힌 공부습관 여든까지 간다

『파우스트』『젊은 베르테르의 슬픔』 등으로 유명한 대문호 괴테가 훌륭한 작가가 된 것은 어머니의 교육방법에 영향을 받아서라고 한다. 괴테의 어머니 카타리나는 어린 괴테를 잠재울 때면 전래동화를 들려주었는데, 이야기를 중간쯤에 멈추고 일부러 결말을 알려주지 않았다. 대신에 "이야기가 어떻게 전개될지 네가 잠자리에서 한번 상상해보렴" 하면서 생각할 수 있는 여지를 남겨주었다.

어머니의 사려 깊은 교육 덕택에 괴테는 7살의 어린 나이에 시적

정취가 넘치는 동화를 쓰기도 했다. 또 어머니가 들려준 이야기의 얼개를 바탕으로 자연스럽게 다음에 전개될 내용을 상상할 수 있었다. 베갯머리 교육습관의 효과인 셈이다.

좋은 공부습관은 학습 초기에 굳혀야 한다. 공부도 3살 버릇이 여든까지 가기 때문이다. 규칙적 학습습관이 형성되면 내용이 조금 어렵거나 양이 많아도 잘 소화한다. 당장의 시험 성적보다는 '공부습관'이 더 중요하다. 학원이나 부모의 성화에 못 이겨 억지로 공부하는 아이와 목표 의식을 갖고 스스로 공부하는 아이가 만들어낸 성과는 큰 차이가 있다. 그러나 스스로 공부하는 습관은 저절로 만들어지는 것이 아니다. 꾸준히 반복하며 훈련할 때 비로소 습관이 된다.

스스로학습법은 하루 10분 반복의 힘을 강조하고 있다. 매일 10분씩 규칙적으로 학습하는 것이 하루에 50분 몰아서 학습하는 것보다 훨씬 효과가 크다는 것은 누구나 경험해봤을 것이다. 매일 규칙적인 반복의 힘은 습관으로 나타나고, 학습습관은 스스로학습을 지속시키는 든든한 기반이 된다.

10 ___

끈기, 결국 해내는 집념

끈기가 성공과 실패를 가른다

많은 부모들은 자녀들이 책상 앞에 오래 앉아 있기를 바란다. 책상에 오래 앉아 있지 않으면 '끈기가 없다'고 말한다. 끈기의 사전적 의미를 찾아보면 '쉽게 단념하지 않고 끈질기게 견디어나가는 기운'이다. '끈기'는 원래 식물의 뿌리根가 뻗어나가는 성질에서 나온 말이다. 토양이 척박할수록 뿌리는 영양 공급을 위해 더 깊이, 더 넓게 파고든다. 자갈과 석회가 많은 척박한 토양에서 자란 포도가 명품 와인을 만드는 것도 이 때문이다. 100일 동안 동굴 속에서 쑥과 마늘만 먹고 견딘 덕분에 마침내 웅녀가 되어 단군을 잉태한 곰은 끈기의 상징이라 하겠다.

이처럼 끈기는 단순히 버티는 것이 아니라 목표를 향해 끝까지 이루려는 집념을 말한다. 공부에서 끈기란 무엇일까? 1차적으로는 책상 앞에 오래 앉아 있는 것이 중요하다. 공부는 앉아 있는 습관인 까닭이다. 하지만 단순히 오래 앉아 있는 것만을 뜻하지는 않는다. 얼마나 집중하고 몰입해서 그 일을 소화해내느냐가 중요하다. 또한 어떤 일의 결과가 도출될 때까지 끝까지 참아내는 인내력이 끈기의 필수조건인 셈이다.

끈기는 타고난 재능이 아니다. 어렸을 때부터 체계적 훈련을 통해 길러야 한다. 머리 좋은 사람도, 재주가 뛰어난 사람도, 많은 교육을 받은 사람도 끈기 있는 사람을 이길 수가 없다. 그래서 "성공과 실패를 가르는 기로에 끈기가 있다"고 말한다.

끈기를 좌우하는 자기 통제력

자기 통제력이 뛰어난 아이일수록 계획을 잘 세우고 집중력도 뛰어나다. 어려움도 끈기를 가지고 잘 견디고, 스트레스에도 유연하게 대처한다.

많은 심리학자와 교육학자가 실험을 통해 유아기에 '만족 지연 능력'이 높았던 아이들이 커서도 학업 성취와 리더십, 사회적 적응 수준이 높다고 보고했다. 실제로 미국에서 미취학 아이의 '만족 지연 능력'은 10년 뒤 SAT 점수와 깊은 상관관계를 보였다는 연구도 있다.

자기 통제력은 훈련을 통해 발달될 수 있다. 사회심리학자 로이 바우마이스터 교수는 "자기 통제력은 다이어트에서부터 돈 관리,

왼손 양치질에 이르기까지 규칙적으로 연습하기만 하면 향상될 수 있다"고 말한다. 실제로 몇 주간 이러한 훈련을 했던 대학생들은 규칙적으로 운동하기, 돈 관리하기, 집안일 하기 등 자기 통제가 필요한 다양한 작업을 완수하는 능력이 향상되었다.

자기 통제력이 강한 사람은 욕구를 참아내는 데 드는 시간이 상대적으로 짧다. 또한 외부의 유혹이나 내면적 갈등에 덜 시달리는 까닭에 의지력 소진도 그만큼 덜하다. 게다가 자기통제가 잘되는 사람은 비상사태보다는 학교나 직장과 같은 일상생활에서도 모든 일을 효과적으로 수행한다.

스스로학습법으로 공부한 아이들은 자연스럽게 자기 통제력도 강해진다. 반복적인 훈련을 거치고, 스몰 스텝을 통해 무리 없이 진행되기 때문에 자기도 모르는 사이 강화되는 것이다. 스스로학습법이 몸에 밴 아이들은 사회생활에서도 리더십을 발휘한다. 공부 실력 때문만은 아니다. 리더십의 기본도 자기 통제력이기 때문이다.

스스로학습법이 키워주는 집념과 끈기

똑같은 환경과 똑같은 스펙을 가졌어도 왜 어떤 사람은 뛰어난 성취를 이루고, 어떤 사람은 그저 그런 삶에 머무르고 마는 걸까? 이에 대해 미국 펜실베이니아대학 심리학 교수인 앤절라 더크워스는 2016년 《뉴욕타임스》가 선정한 최고 도서

『그릿』에서 "성공의 비결은 재능이나 천재성이 아니라 '그릿'이다"라고 정의한다. 그릿은 '실패에 굴하지 않고 끝까지 밀고 가는 끈기와 인내의 힘'을 뜻한다.

누구나 선망하는 직장인 맥킨지를 사직하고 교육심리 연구를 위해 고등학교 수학선생을 택한 앤절라는 무수한 케이스 연구를 통해 열정과 끈기의 중요성을 밝혀냈다. 중국계 미국인인 앤절라는 "문신 하나를 새긴다면 주저 없이 칠전팔기七顚八起로 하겠다"라고 말하기도 했다. 또한 인간은 다양한 능력을 갖고 있는데도 제대로 활용하지 못한 채 인생을 마치는 경우가 많은데, 이는 마치 공기 구멍을 닫은 채 화로를 켜는 것과 같다고 설명하고 있다.

스스로학습법에서 강조하는 것은 문제집 몇 권을 얼마 만에 푸느냐가 아니다. 문제를 풀다가 잘 안 풀릴 때 "난 안 하겠어"가 아니라 "다시 한 번 풀어봐야지!" 하는 마음을 갖는 것이 중요하다. 집중하고 반복하며 자신감을 키워갈 수 있도록 돕는 시스템이 우리가 강조하는 것이다. 틀리면 '한 번 실수한 것이려니' 하고 그냥 넘어가는 것이 아니라 반드시 원인을 찾아 확인하고 같은 데서 틀리는 일이 되풀이되지 않도록 한다. 다시 비슷한 문제를 만나면 "처음에는 틀렸지만 이제는 잘 풀 수 있네!" 하는 마음이 된다. 그것이 자신감이다. 자신감이 생기면 낯설고 어려운 문제 앞에서도 지레 포기하지 않는다. 그 자체로 흥미도 생기고 부딪쳐보고 차근차근 알아가려는 마음이 생긴다. 그것이 집념과 끈기다. 쉽게 포기하지 않고 끝까지 해보겠다는 태도는 스스로학습법을 익힌 사람의 특징이다.

11___

긍정성,
행복한 삶을 결정하는 원동력

긍정은 강력한 정신 에너지의 연료

음료수가 반병쯤 남았을 때 어떤 생각이 드는가? "반병이나 남았네!" 혹은 "반병밖에 안 남았네" 중의 하나일 것이다. 사소한 생각의 차이는 시작은 미미하지만 시간이 지나면서 엄청난 결과를 낳는다. 미국 CNN 방송의 전설적 앵커인 래리 킹Larry King은 50년 넘게 3만 명에 가까운 세계적인 지도자를 인터뷰한 것으로 유명하다. 그가 만난 성공한 사람들에게서 발견한 공통점은 무엇일까? "이들은 한 번 이상 커다란 시련이나 실패를 겪고도 좌절하지 않고 긍정적인 생각으로 이를 극복한 사람들"이라고 설명한다.

예일대 경제학과 학생 프레더릭 스미스Frederick Smith가 '당일 배달 서비스'를 목표로 한 창업 리포트를 제출하자 지도교수는 "발상은 좋으나 현실성이 전혀 없다"면서 C학점을 주었다. 하지만 그는 자신의 생각을 버리지 않고 페덱스FedEx라는 운송회사를 세워 세계 물류산업의 혁신을 가져왔다.

긍정심리학의 창시자인 마틴 셀리그만은 『긍정심리학』에서 행복의 제1조건으로 '긍정적인 정서'를 꼽는다. 대부분의 수녀들은 속세와 격리된 채 집단으로 규칙적인 생활을 하지만 수명과 건강 면에서는 개인차가 매우 컸다. 이유가 무엇일까? 세실리아 수녀는 당시 98세로 병치레 한 번 하지 않고 건강하게 장수를 누린 반면 마거리트 수녀는 59세에 뇌졸중으로 쓰러진 뒤 얼마 안 돼 사망했다. 그런데 두 수녀가 쓴 글을 살펴보았더니 내용이 완전히 달랐다. "세실리아 수녀는 '참으로 행복하다'거나 '크나큰 기쁨'처럼 활기 넘치는 표현들을 사용했다. 반면 마거리트 수녀의 자기소개서에는 긍정적 정서가 깃든 단어가 전혀 없었다."

두 수녀의 차이에 흥미를 느낀 연구자들은 180명의 수녀들이 쓴 글을 조사한 결과 놀라운 차이를 발견했다. 활기차게 지낸 수녀 집단은 90%가 85세까지 산 반면, 무미건조하게 지낸 수녀들은 34%만이 85세까지 살았다.

아이를 격려하는 긍정의 말

아이의 학습동기를 높이기 위해서는 자기 자신을 긍정적으로 생각하고 즐겁게 받아들이도록 해야 한다. 지겹고 짜증나는 일을 하는 데는 많은 노력이 필요하지만 즐겁고 신나는 일에는 그다지 노력이 필요하지 않으며 하면 할수록 힘이 솟기 때문이다.

부모와 선생님은 아이들에게 절대로 부정적인 표현을 해서는 안된다. 우리말에는 의외로 부정적인 표현이 많다는 점을 유념할 필요가 있다. 유대인 부모는 매일 아침 일어나면 가장 먼저 아이에게 "모든 게 다 잘될 거야!"라고 말하면서 하루를 시작한다고 한다. 유대인의 긍정적인 생각이 유대인을 위대한 민족으로 만든 것이다.

우리나라 부모들도 긍정적인 말로 아이들을 격려해야 한다. "너는 잘할 수 있어." "너는 소중한 사람이야." "나는 네가 기대된단다." "천 리 길도 한 걸음부터야." "공부 못하는 사람은 없어. 공부를 안 했을 뿐이야. 지금부터 하면 잘하리라 믿어."

스스로학습법이 키워주는 긍정성

긍정적인 감정은 자신과 세상을 바라보는 관점에 따라 달라진다. 예를 들어 '공부는 어렵고 난 잘할 수 없을 거야'라고 공부와 자신에 대해 부정적인 생각을 하면 공부할 때 짜증이 나게 마련이다. 하지만 '공부는 재미있고, 난 해낼 수 있어'라고 생각하면 공부할 때 즐거운 감정을 느낀다. 그래서 아이는 꾸준히 지치지 않고 공부할 수 있다.

스스로학습법은 마음의 장벽 없이 가장 편하게 할 수 있는 공부법이다. 자신의 수준에 맞는 학습을 하게 하고, 스몰 스텝으로 어려움 없이 앞으로 전진하게 하며, 반복학습을 통해 학습내용을 완전히 장악하게 하여 자신감을 얻게 한다. 그러면 공부가 재미있어지고, 좋은 성과를 얻게 돼 성취감도 얻는다. 이러한 과정에서 두뇌는 '할 수 있다' '더 하고 싶다'는 긍정적 상태가 된다. 공부하기에 이보다 더 좋은 정서가 있을까?

긍정성은 타고나는 것이 아니라 길러지는 것이다. 어떤 상황에서도 가장 희망적인 말과 행동을 선택하도록 하는 긍정교육이 미래를 여는 열쇠가 될 수 있다.

12

창의성,
새로운 세상을 여는 열쇠

창의성 계발이 중요한 이유

월마트는 종업원이 우리나라 공무원의 2배가 넘는 220만 명에, 연매출 5천억 달러가 넘는 세계 최대 유통기업이다. 그러나 종업원 5만 7,000여 명에 연매출 660억 달러의 구글이 월마트보다 기업가치 면에서는 더 높게 평가받고 있다. 세계 곳곳의 대규모 매장과 물류 시설보다 눈에 보이지 않는 창의적 마인드가 더 값지다는 것이다. 빌 게이츠는 "마이크로소프트의 유일한 생산 공장은 임직원들의 상상력이다"라고 자랑스럽게 말하고 있다.

20세기 산업사회에서는 성실과 근면이 최고의 덕목이었지만 21세기 지식정보사회에서는 남다른 창의성이 더 각광받는다. 생산성 중심의 산업사회에서 창의성 중심의 지식기반사회로 급속히 변화하고 있기 때문이다. 산업사회에서는 화이트칼라와 블루칼라로 구분했으나 이제는 창의적 계층Creative Class과 비창의적 계층Non-creative Class 으로 구분되는 창의적 경제Creative Economy 시대를 맞이하고 있다.

요즘 취업이 무척 어렵다. 앞으로 경제가 성장해도 일자리는 늘지 않을 것이다. 단순노동은 로봇이, 행정 사무직은 컴퓨터가 빼앗아 가고 있기 때문이다. 로봇은 밤새 불평 없이 일하면서 노조도 없다. 로봇이 할 수 있는 단순노동을 하는 사람이라면 정규직이라도 많은 임금을 받을 수 없으므로 평생 가난하게 살아야 한다. 우리나라에도 이른바 '가난한 취업자Working Poor'가 400만 명이 넘는다는 통계도 있다. 창의 계층의 20%가 전체 임금의 80%를 차지하는 사회 양극화를 우려하는 목소리도 커지고 있다.

새로운 것을 생각해내는 창의성은 존재하지 않는 사물의 필요성을 남보다 먼저 느끼는 데서 시작한다. 일상의 작은 것들도 색다르게 보고 그 원인을 꼼꼼히 생각하며 남다르게 표현해보는 습관이 무엇보다 중요하다. 창의성은 무無에서 유有를 만드는 것이 아니라 이미 있는 것들을 융합·연결해서 만드는 '생각의 네트워킹'이다.

창의적인 부모가
창의적인 아이를 만든다

그러면 우리 아이의 창의성은 어떻게 키워줄 것인가? 부모의 창의성에서 아이의 창의성이 솟아난다. 창의성 교육 전문가인 인천재능대 문정화 교수는 『내 아이를 위한 창의성 코칭』에서 부모의 역할을 강조한다. "부모는 모든 행동에서 아이의 모델이다. 부모가 고리타분한 사고방식을 갖고 융통성 없이 생활하는지, 아니면 매사를 새롭게 생각하고 창의적으로 살아가는 모습을 보이는지는 자라나는 내 아이에게 그대로 비친다. 그래서 내 아이가 창의적인 아이로 자라기를 바란다면 먼저 부모가 창의적인 행동으로 모범을 보여주어야 한다."

부모가 창의성의 씨앗을 심어주어야 창의적인 아이를 기대할 수 있는 법이다. 그렇다면 모든 부모가 창의적일까? 문정화 교수는 스스로를 얼마나 창의적인 사람이라고 생각하는지, 판단할 수 있는 '자가 진단기준'을 제시한다. 다음의 6가지 질문을 읽고 O나 X로 답해보자.

① 나는 창의적인 부모의 모습을 보고 자랐는가? ( )

② 나는 틀에 박힌 사고에서 벗어난 생활을 했는가? ( )

③ 개성을 얼마나 표현할 수 있었는가? ( )

④ 여행을 통해 풍부한 경험을 하고 생각할 수 있는 기회는 많았는가? ( )

⑤ 새로운 생각을 언제나 마음 편히 이야기할 수 있는 분위기였는가? ( )

⑥ 마음 놓고 도전할 수 있는 분위기였는가? ( )

이 질문들은 창의성 발달에 영향을 미치는 요소들이다. 마찬가지로 아이들의 창의성도 부모의 행동과 환경에 따라 달라진다. 창의적인 부모가 창의적인 아이를 만든다는 점을 잊지 말아야 한다.

창의성 교재로 인정받는 〈생각하는 피자〉

요즘 가장 각광받는 용어를 든다면 단연 창의성이다. 창의성이 중요한 만큼 학부모들의 조급증과 강박관념 또한 적지 않은 것 같다. 그러나 씨앗을 뿌리지 않고 가꾸지도 않은 채 창의성이라는 열매만 딸 수는 없다.

앞서 설명했듯이, 학습이라는 과정은 단계를 거쳐야 하고 땀과 노력을 들인 만큼 그 결과를 볼 수 있다. "땀은 정직하다"는 진리가 여기에도 적용된다.

아이들의 수준과 능력에 맞는 개인별 학습을 진행하면서 재미와 성취감을 맛보고 자신감과 집중력을 키워서 이 과정을 지속적으로 반복하여 습관으로 형성될 때 끈기와 긍정적인 태도로 거둘 수 있는 열매가 바로 창의성이 아닐까 한다.

나는 20년 전에 창의성의 중요성을 깨닫고 창의성 교재인 〈생각하는 피자〉를 개발했다. 학생과 학부모들 모두 무척 좋아하는 과목이다. 심지어 경쟁사의 선생님들조차도 자녀들의 창의력 향상을 위해 〈생각하는 피자〉를 교육시킬 정도다. 선생님들은 아이들이 〈생각하는 피자〉를 공부한 후 표현력이 달라지는 것을 보고 놀라워한다. 인천 주안지국 김미사 선생님이 경험한 내용을 소개한다.

"말이 어눌하던 6세 회원이 있었는데, 〈생각하는 피자〉를 시작하고 6개월쯤 지났을 때 그 아이에게 변화가 일어나더군요. 어느 날 아이가 '엄마, 내가 말하면 엄마가 무엇인지 알아맞혀봐'라고 하면서 '동그랗게 생기고 초록색인데 그 위에 검은색 줄이 있고 자르면 그 안이 빨갛고 까만 씨앗이 있어. 먹어보면 시원하고 달콤해. 이게 무얼까?'라며 설명하더랍니다. 그 모습을 보고 어머니가 깜짝 놀랐다고 해요. 수박이라는 답을 유추하기 위해 모양, 색, 특징, 맛을 표현하는 것을 보며 '이것이 〈생각하는 피자〉의 학습효과구나' 하고 느꼈답니다."

〈생각하는 피자〉는 이와 같이 사고력과 함께 언어 구사력과 표현력도 함께 성장시킨다. 언어는 생각의 집이다. 언어 구사력과 표현력이 풍부하다는 것은 창의적 사고를 한다는 의미다. 이처럼 창의성 발달에 더없이 효과적인 교재가 바로 〈생각하는 피자〉다.

4차 산업혁명 시대에 인재의 제1조건은 창의성이다. 스스로학습법은 스스로 학습할 수 있는 능력을 길러 창의성 넘치는 인재를 키우는 데 그 목표가 있다.

◎

교육은 이 세상 어떤 일보다 가치 있는 일이다. 그 가치 있는 과정에 함께해준 직원 한 사람 한 사람은 나와 함께 꿈꾸고 성장해온 파트너다. 서로에 대한 믿음이 지금의 재능교육을 만들어 학습지업계의 모범 기업이 되게 해주었다. 매순간 우리는 교육이 가진 의미를 새기며, 무한한 자긍심으로, 그리고 한없는 즐거움으로 미래를 향해 더 큰 발걸음을 옮기고 있다.

7장

스스로학습을
꽃피운 사람들

01___

재능교육 40년 역사를
돌아보며

가르침보다 큰 스스로교육

지금으로부터 꼭 10년 전, 재능교육 30년
사를 정리한 사사社史를 발간했다. 기록하지 않으면 기억되지 않는
다고 하지 않는가. 회사가 오래되면서 초창기 임직원들과 선생님들
이 떠나고 과거의 역사가 점점 잊혀져가는 것이 안타까웠다. 과거를
잊은 민족에게 희망이 없다고 했듯이 기업 또한 역사가 중요하다.
그래서 재능교육 창립 30주년이 되는 2007년에 '사사편찬위원회'를
만들어 30년 역사를 정리하도록 했다.

30년이라는 짧지 않은 시간들의 자료들을 정리하느라 편찬위원들
이 고생이 많았다. 회사 설립 초기의 내용을 가장 잘 알고 있는 사람
은 역시 창업주인 나이기에 사료 수집을 하느라 수고하는 편찬위원
들을 위해 나는 '합숙 인터뷰'를 제안했다. 그리고 창업 초창기 작은

사무실에서 품었던 초심부터 시작해 내 기억의 뿌리들을 꺼내놓았다. 기억보다 정확한 것은 기록이다. 나는 창업 초기부터 직접 작성한 수십 권의 낡은 일기장과 수첩, 노트를 사사편찬위원회에 넘겨주면서 "과거 역사를 통해 미래를 전망하는 자료가 될 수 있도록 유용하게 활용해주세요"라고 당부했다.

사사편찬위원들의 열정과 헌신 덕분에 사사가 예정대로 발간되었다. 완성된 사사를 보니 지난 시간들이 파노라마처럼 다가왔다. 회원 한두 명에서 시작했는데 어느덧 회원이 1만 명, 10만 명을 넘어 수십만 명에 이르게 되었다. 학습지업계 선두 그룹을 형성하고 전국적인 조직을 갖춘 교육기업으로 발돋움하여 재능교육을 모르는 사람이 없을 정도로 성장했다. 특히 "재능교육 하면 〈재능수학〉, 〈재능수학〉하면 재능교육"이라고 할 정도로 〈재능수학〉의 명성은 높아졌다.

재능교육 역사는 한마디로 스스로학습의 역사였다. 그래서 사사의 제목도 『가르침보다 큰 스스로교육』으로 정했다. 사사에는 스스로학습의 놀라운 힘을 보여준 역사, 재능교육의 창업 이념과 경영철학, 임직원, 재능선생님, 회원, 학부모에 대한 많은 이야기들이 등장한다. 재능교육의 역사를 일궈온 주인공이자 증인인 그들의 목소리를 최대한 많이 담고 싶었기 때문이다.

사사 발간은 재능가족에게 자긍심을 심어주었다. 사사는 뿌리 깊은 나무가 되어 교육기업의 역사를 되새기게 해주었다. 새로운 것을 시도할 때도 사사는 좋은 참고자료가 되었다. 사사를 보면서 "창조는 연결하는 능력이다"라고 말한 스티브 잡스의 말을 더욱 실감하게 되었기 때문이다.

그로부터 10년이 흘러 40주년을 맞은 지금, 나는 또 하나의 자료를 남기고자 이 책을 쓰기로 했다. 이번에는 기업의 역사뿐 아니라 우리가 심혈을 기울여 뼈대를 세우고 구현해온 스스로학습법에 대한 이야기를 담았다. 재능교육이 체계를 만들고 40년간 교육 현장에서 실천해온 스스로학습법을 더 많은 이들과 공유하고 싶어서다.

책을 쓰자니 지난 40년의 세월이 주마등처럼 지나가면서 어려움과 기쁨의 순간들이 밀려온다. 무엇보다도 재능가족들에 대한 고마운 마음이 가장 크다. 여기까지 온 것은 결코 나 혼자의 힘이 아니었다. 함께한 임직원, 재능선생님, 회원 그리고 학부모가 있어서 가능한 일이었다.

"누군가가 P&G의 돈, 건물, 브랜드를 모두 빼앗아갈지라도 직원들만 남겨둔다면 10년 안에 빼앗긴 모든 것을 되찾을 수 있다"고 한 P&G의 리처드 듀프리Richard Deupree 회장의 말을 나는 항상 되새겨보곤 한다. 기업이든 국가든 조직의 흥망성쇠는 유형의 자산이 아니라 사람에 의해 결정된다는 그의 지론에 공감하기 때문이다.

02___

섬김리더십으로
다시 뛰자

섬김리더십의 시작, 포장마차 경영

2007년 창립 30주년을 맞으면서 리더십에도 변화가 필요하다고 느꼈다. 과거 산업사회에서는 권위주의적인 리더십으로도 문제가 없었다. 조직이 수직 구조였기에 명령과 복종으로도 소통이 가능한 문화였다. 하지만 이제 지식정보사회로 넘어가면서 개성과 창의성이 중요해지고 있다. 창의성이 활성화되려면 조직 구조가 수평적으로 바뀌어야 한다.

민주적인 리더십이 필요해지면서 섬김리더십이 강조되기 시작했다. 옛날 같으면 리더가 섬긴다는 말 자체가 어색했겠지만 시대가 바뀌면서 직원들을 섬기는 자세가 요구되는 시대로 변한 것이다. 나 자신도 섬김리더십의 의미를 곰곰이 생각해보았다. 그러다 문득 회사 초창기 직원들과 포장마차에서 격의 없이 대화를 나누던 때가 떠올랐다.

그때는 퇴근 후 사무실이 있던 신설동의 허름한 포장마차 안에서 서로 술잔을 기울이며 비전을 나누고, 학습법에 관한 열띤 토론을 벌이고, 좋은 사례를 발표하기도 했다. 회사가 돌아가는 상황이나 현장 정보를 공유하면서 소통했다. 그렇게 회사를 성장시켰으니 재능교육 경영은 포장마차에서 한 것이나 마찬가지다. 그래서 일명 '포장마차 경영'이라고 부른다. 나는 일이 끝난 후 시간이 날 때마다 직원들이 모여 있는 포장마차에 들러 그들과 함께 어울리며 모두의 의견에 귀를 기울였다.

아무리 좋은 프로그램을 만든다고 해도 그것을 현장에 연결시켜 보급하고 관리해줄 직원들이 없다면 무용지물이 아닌가. 당시에 이름도 없는 회사에서 명문대 출신을 뽑는 것은 어려운 일이었다. 외관으로는 초라하고 미약한 회사로 보였다.

"지금은 회사가 내세울 게 없습니다. 그러나 나는 꿈이 있고 비전을 가지고 있습니다. 나와 함께 가면 반드시 꿈을 이룰 수 있습니다. 비록 지금은 이류처럼 보이지만 머지않아 일류가 될 것입니다. 이류가 모여서 일류가 됩시다"라고 나는 강조하곤 했다.

직원 한 사람 한 사람은 나와 함께 꿈을 꾸고 성장해나가는 파트너였다. 나는 함께 꿈을 향해 달려가는 파트너들이 보람을 느끼고 희망을 바라볼 수 있는 기업을 만들기 위해 노력했다. 서로에 대한 마음과 믿음이 지금의 재능교육을 만들어 학습지업계의 모범 기업이 되게 해주었다고 믿는다. 직원 한 사람 한 사람을 파트너로 생각하던 포장마차 경영이 결국 섬김리더십의 원류가 되었으리라 믿는다.

고객 감동의 조직문화, 섬김리더십

포장마차에서 전 직원이 함께 소주잔을 기울였던 초기와는 비교할 수 없을 정도로 이제는 회사의 규모가 커졌다. 나 자신부터 다시 초심으로 돌아가 직원들을 섬기고 회원과 학부모를 섬기는 자세가 필요하다는 생각을 하게 되었다. 그래서 섬김리더십에 관한 책들을 읽고 실천 방안들을 강구하기 시작했다. 섬김리더십에 대한 전문가를 초빙하여 임직원들과 함께 강의도 듣고, 섬김리더십을 실천할 수 있는 과정을 개발하도록 했다. 이렇게 해서 『섬김재능교육지도자』교본이 개발되었다. 이때부터 섬김이란 말이 핵심 가치가 되어 재능교육에 자연스럽게 녹아들었다.

섬김리더십은 예수가 제자들의 발을 씻겨주었듯이 리더가 섬김을 받으려 하지 않고 겸손하게 솔선수범해 남을 섬기는 태도로 낮아지는 것을 말한다. 섬기는 리더는 다른 사람을 지배하고 군림하는 상사가 아니라 섬기고 봉사하는 지도자를 말한다.

회원과 학부모를 섬기는 사람들

직원들을 만나면 나는 가능한 한 이름을 부르고 짧은 인사를 건넨다. 초창기부터 몸에 밴 습관이다. 지금은 직원들이 많아서 이름을 다 기억하지는 못한다. 그래도 가능한 한 눈빛을 교환하며 인사를 하려고 한다. 내 인사는 대단한 내용이 아니다. "밥 묵었나?" "잘하고 있제?" 내가 이렇게 말을 걸면 돌아오는 답변은 대부분 "예"이거나 "아니오" 등의 단답형이다. 젊은 사원들은 내가 어렵게 느껴져서 그럴 수도 있다. "밥 잘 챙겨먹고 건강 잘 보살펴라. 열심히 하자." 대화는 길지 않다. 그러나 내가 건네는 짧은 인사는 '내가 너를 믿고 있다. 내가 너를 바라보고 있다'는 격려다. 이런 격려를 받으면 직원들도 나를 믿음의 눈빛으로 바라본다.

교육업에 종사하는 사람들의 '고객 섬김'은 무엇일까? 그것은 사람이 스스로 변화하고 성장하도록 서비스하는 것이다. 나는 우리 회사의 본질은 고객인 회원들이 학습효과를 올릴 수 있도록 돕고, 이를 통해 회원들 스스로가 즐거운 변화를 경험하도록 섬기는 것이라고 생각한다.

경기 부천지국의 김미영 선생님은 섬김리더십을 실천하는 대표적인 교사로 손꼽힌다. 19년 동안 재능선생님을 하면서 가장 많은 학생을 가르치는 스타클럽 선생님이 되어 스스로학습법을 일선에서 전파하고 있다. 김 선생님은 늘 감사하는 마음이 넘쳐난다. "지금까지 일을 할 수 있으니 정말 감사해요. 매일 감사한 마음으로 생활하니까 일이 즐거울 수밖에 없어요. 행복은 소유의 크기가 아니라 감사의 크기라고 생각합니다." 김 선생님은 일에 대한 생각부터 남다르다. "학생을 만나고 엄마와 상담할 때 일이라고 생각하지 않고 '좋아하는 사람을 만나러 간다'고 생각하니까 모든 것이 감사하기만 해요"라고 말한다. 그 마음이 모든 회원들과 가족처럼 가깝게 지낼 수 있는 힘이 된다고 한다.

김 선생님은 회원 관리에서 가장 중요한 것은 회원과의 유대 관계라고 생각한다. 아이들과 관계가 좋으면 아이들이 선생님을 기다리게 되고 선생님이 좋아지면 공부에 흥미도 붙기 때문이다. 흥미 있는 공부는 자연스럽게 학습의 효과로 이어진다.

"아이들에게 항상 관심을 가지고 공감하려고 노력해요. '오늘 학교에서 무슨 일 있었어?'라고 물어보면 아이들은 많은 것을 보여줘요. 엄마에게 말 못하는 고민을 털어놓기도 하고, 상장 받은 것도 자랑하고, 얼마나 예쁜지 몰라요." 아이들을 좋아하고 일을 즐기는 김미영 선생님은 기쁜 마음으로 스스로학습법을 전파하는 섬김리더십의 진정한 모델이다.

03__
학부모가 경험한
재능교육 이야기

40년 동안 교육 사업을 하면서 나는 많은 학부모들을 만났다. 재능교육으로 공부한 아이들이 변화하고 성장하는 모습을 가장 가까이에서 지켜본 사람이 학부모다. 그들로부터 스스로학습법이 실천되는 현장의 목소리를 직접 들을 때면 가슴이 뭉클하다. 재능교육의 스스로학습법을 만나서 달라진 아이들의 경험담을 쓴 학부모들의 수기 3편을 소개한다.

**학부모 사례
1: 〈재능수학〉**

퍼펙트! 완벽한 수학

– 유은주 (이민상, 이지상 형제 회원의 어머니)

중학교 2학년과 초등학교 5학년인 두 아들을 둔 엄마입니다. 중학생인 큰아이가 어느덧 고등학교 진학에 대해 진지한 고민을 하기 시작했습니다. 다행스럽게도 지금은 특목고를 목표로 삼아 공부를 하고 있습니다. 아이가 그런 결정을 하기까지는 수학에 대한 자신감이 한몫을 한 것 같습니다.

3살 적부터 시작한 〈재능수학〉이 무려 11년이라는 긴 시간 동안 제 아이의 동반자 역할을 해주었습니다. 연필을 잡은 손에 힘이 들어갈 즈음 처음 접한 〈재능수학〉 교재는 아이에겐 수학의 길라잡이가 되어준 셈이지요.

제 아이는 초등학교 입학 전만 해도 무척 산만했습니다. 우스운 이야기지만 너무 산만해서 이름을 바꾸려는 생각도 해보았습니다. 그런데 어느 순간 아이가 달라지기 시작했습니다. 특히 수학 교재를 푸는 순간만큼은 무서울 정도의 집중력을 보여주었습니다. 그러더니 과정보다는 결과가 우선이라고 주장하던 엄마의 생각을 흔들어놓았습니다. 과정이 좋아야 결과도 좋다고 말이지요. 뿌리 깊은 나무는 어떤 바람에도 흔들리지 않고 열매가 많이 열린다고 하지요. 원리 이해로 시작된 탄탄하게 다져진 기초 실력이 이젠 아이에게 어떤 심화 문제를 제시해도 두려워하지 않는 자신감과 용기를 심어준 것 같습니다. 그래서인지 요즘은 아이가 "퍼펙트perfect!"라는 말을 자주 사용합니다. 수학교과만큼은 완벽하다는 말이지요. 멋쩍은 이야기지만 수학 시험이 너무 쉬워 자기 실력을 제대로 발휘할 기회가 없다는 애교 섞인 투정도 부립니다. 처음 학습지를 시작할 때면 으레 듣는 말이 매일매일 규칙적으로 문제 푸는 습관을 들이라는 것입니다. 하지만 매일매일 무언가를 한다는 것은 말처럼 그렇게 쉬운 일은 아니지요. 그런데 저의 아이는 늘 책가방에 〈재능수학〉 학습지를 넣고 다닙니다. 아이의 말에 의하면 "학교에서 틈틈이 학습지 푸는 시간이 집중도 잘되고 규칙적인 학습 습관이 형성되어 매우 좋다"고 합니다. 제가 보기에 아이는 수학 문세풀이를 즐기는 것 같습니다.

초등학교 저학년 때인 걸로 기억합니다. 어느 날 아이가 풀어놓은 학습지를 보고 깜짝 놀란 적이 있었습니다. 딴에는 풀었다고 생각한 교재에 정답지를 보고 그대로 옮겨 적은 흔적이 있었기 때문이었지요. 그때까지 아이에게 학습지만 던져두고 방치해둔 무책임한 부모가 바로 저라는 사실을 몰랐던 것입니다. 아이가 가르쳐준 셈이지요. 그 순간, 아이에게 학습지를 권할 경우엔 반드시 부모의 역할이 동반된다는 것을 깨달았습니다. 그것은 바로 관심이었습니다. 아이가 규칙적으로 학습지를 대하고 있는 것인지, 문제에 대한 원리를 제대로 이해하고 해결하는 것인지, 같은 유형의 문제를 반복해 너무 지루해하는 것은 아닌지를 파악하는 것이었습니다. 제 생각은 정확했고, 그런 관심의 덕분인지 지금은 문제를 풀고 완전한 답이 나왔을 때가 가장 뿌듯하고 행복하다고 합니다.

대한민국 학부모라면 한 번쯤은 두드려보았을 학원 담을 넘보지 않더라도 이젠 차례차례 다져진 기초 위에 튼튼한 누각을 지을 일만 남은 것 같습니다. 훤칠한 키에, 서글서글한 눈매에, 탁월한 운동 실력에, 우수한 성적까지 갖추고 있는 제 아이가 무척 사랑스럽고 자랑스럽습니다.

내 아들의 장_奬학금

– 이미영 (백상기 회원 어머니)

요즘 역사 만화에 푹 빠져 있는 아들과 '대조영' 위인전을 한창 읽고 있던 오후에 전화벨이 울렸습니다.

"한능원(한국한자한문능력개발원)입니다. 백상기 학생이 이번 한자 급수 4급 시험에서 합격과 동시에 장학금을 받게 됨을 알려드립니다"라는 안내 전화였지요. 지난번 5급 때도 장학금을 받았던 터라 기쁨은 그 이상이었습니다. 올해 초등학교 1학년에 입학한 아들의 알림장을 보면 이렇습니다.

週間學習案內狀 나갑니다.

黃砂가 發生하니 注意하십시오.

綠色어머니회 모임 있습니다.

安全한 길, 陸橋로 다닙니다.

來日은 土曜休業日입니다.

牛乳팩 가져오기

敎科書는 三月에 나누어줍니다.

초등학교 1학년의 첫 알림장에서부터 그동안 〈재능한자〉로 공부한 한자 실력을 그대로 발휘하고 있었고, 그로 인해 담임선생님께서도 우리 아이를 기특하다고 칭찬해주시고, 친구들은 흥미롭

286

게 바라봅니다. 초등학교에 입학해서 가장 재미있는 시간이 '알림장 적는 시간'이라는 아이의 말에 아이의 한자 사랑이 어느 정도인지 짐작이 갑니다.

많은 아이들이 과학 실험을 하고 있는 요즘 아들과 동영상 강의를 들으며 집에서 직접 실험을 하기도 하는데, 한자공부가 과학에서도 유용하게 쓰여지고 있음을 알 수가 있었습니다. 자석 실험에서 자석 만들기를 할 때 자화磁化라는 말이 나오면 아이는 그 말뜻을 어려움 없이 그대로 받아들였고, 마요네즈 만들기 실험 때에도 식초와 기름을 섞이게 만드는 계란 노른자의 유화제乳化劑 역할을 설명할 때도 그 뜻을 쉽게 이해했습니다.

방대한 학습지 시장에서도 〈재능한자〉가 아이들이 공부하기에 가장 좋은 교재일 수밖에 없음은 바로 실생활과 교과서에 나오는 용어 중심의 교육 때문이라는 생각이 듭니다. 그리고 우리 아들 상기의 한자와 중국어를 담당하고 계시는 재능선생님의 세심한 관리에 늘 감사한 마음뿐입니다. 일주일에 한 번 만나는 수업이라 빠듯한 시간임에도 불구하고, 한자와 중국어 수업을 할 때 빠지지 않는 '받아쓰기' 덕분에 놓치는 부분 없이 실력을 다질 수 있었습니다.

재능선생님의 권유로 5개월 전부터 아이에게 〈재능중국어〉를 접해 주고 있습니다. 〈재능한자〉와 자연스럽게 이어져서 중국어에도 상당히 흥미를 느끼는 아이를 보면서 더욱더 한자교육의 중요성을 깨닫게 됩니다. 중국어로 바다를 '하이'라고 하면 금세 "아하! 그건 바다 '해海'일 거야"라고 이해를 하고 '치엔'이라고 하면 "돈, 전錢" 하고 말하는 아이를 보며 앞으로도 한자 공부에 더 정진하리라 다짐합니다.

아이의 한자 사랑이 영어에도 영항을 미치고 있습니다. 아이가 6세부터 영어를 시작한 덕분에 과학 부문을 영어책으로 읽고 있는데, 영어 과학책을 읽다 보면 내용보다도 단어의 의미를 파악하고 나서 그에 해당하는 한자를 찾아 단어장에 기록합니다. 물론 어린 나이라 이해하는 부분도 있고 정말로 난해한 것도 있지만 한자로 다시 한 번 찾게 되면 거의 이해를 합니다.

상기가 한자를 시작한 5살 때, 한자가 이토록 쓰임이 많을 줄은 몰랐지만 이제는 주위의 어린 아기를 가진 엄마들에게 말하고 싶습니다. "아이가 좀 크면 한자공부 열심히 시키세요"라고요.

지금 상기는 한자 3급에 도전중입니다. 기특하게도 아이 스스로가 즐겁게 준비하고 있습니다. 3급은 공인급수라 상당히 어려운 것으로 압니다. 3급에서도 상기가 장학금을 탈 것이라 기대는 하지 않습니다. 다만 한자공부를 즐기기를 바랄 뿐입니다. 일반적으로 장학금은 권면할 장獎을 쓰지만 저는 우리 아이의 장학금만큼은 길 장長을 쓰고 싶습니다. 공부는 긴 시간이 필요하기에 〈재능한자〉와 〈재능중국어〉로 꾸준히 과정을 마치고 그 긴 시간이 지나 아이의 머리와 마음에 내공이 쌓인 후 수고했노라고 진정한 장長학금을 주고 싶습니다.

엄마의 선택이 아이의 미래

– 백현미 (임다혜 회원 어머니)

다혜가 재능과 인연을 맺은 지 어느새 6년의 시간이 흘렀습니다. '한글'을 익히고 '국어'로, '리틀영어'로 시작해서 '영어'로, '리틀한자'를 마치고 한 단계 한 단계 진행했던 재능교재들은 이제 다혜에겐 익숙하고 친숙한, 미래를 위한 준비 도구가 되어 있습니다. 특히 사고력 교재인 〈생각하는 피자〉를 통한 다혜의 변화는 돌이켜 생각해도 가슴 설레는 기쁨을 줍니다. 이공계열 출신의 부모를 닮아서인지 논리적 사고는 빠르나 독창적이고 융통성을 필요로 하는 창의적 사고는 부족했는데, '타고난 팔자려니' 하고 속수무책으로 있기엔 마음이 편치 않았습니다. 3년의 유치원 과정 동안 담임교사들이 다혜의 사고력 부족에 대해 누누이 말해왔기 때문에 학습지 몇 장으로 아이가 크게 변화하리라고 기대하지는 않았습니다. 하지만 이 세상의 모든 엄마가 그렇듯이 저 또한 제 아이만큼은 부족함 없는 아이이길 바라는 소망이 간절했습니다. 그래서 국내 유일의 사고력 프로그램이라는 〈생각하는 피자〉를 정성스럽게 학습시키기 시작했습니다.

창의력이 중요하다는 것은 7차 교육과정 이후 대부분의 엄마들이 인식하고 있지만 그것을 구체화하여 효율적으로 학습할 수 있는 방법을 알고 있는 엄마는 많지 않습니다. 저 또한 그렇기에 작은 희망으로 사고력 프로그램에 대한 기대를 가져보았습니다. 한

등급이 끝나고 두 등급쯤 진행되어가는 2년 뒤부터는 다혜의 학습습관에 변화가 나타나는 것을 눈으로 볼 수 있었습니다. 결과만 중시해 빠른 속도로 답 구하기에만 급급했던 다혜가 "왜?"라는 질문을 먼저 하게 되었습니다. 단답형에 익숙했던 학습습관도 꾸 밈말을 넣어 다양한 문장으로 구성하는 능력이 생겼습니다.

그림 그리기를 좋아하는 다혜의 그림에 정교하고 세밀한 부분까 지 표현하는 변화가 나타났습니다. 초등학교 3학년 생활기록부에 쓰인 "독창적이고 정교한 창의성이 있는 아이"라는 학교 담임선 생님의 글은 입가에 미소를 머물게 했습니다. 물론 〈생각하는 피 자〉 한 과목만으로 다혜가 변화했다고는 할 수 없습니다. 재능교 재 전 과목이 서로 맞물려 시너지 효과를 만들었던 것 같습니다.

우리는 매순간 선택을 해야 하는 시대에 살고 있습니다. 수많은 정보의 물결 속에 현명한 선택을 하기가 쉽지 않은 시대입니다. 그러나 지난 6년 내 아이의 미래를 준비하기 위해 재능교육을 택 한 것이 얼마나 감사하고 현명한 행동이었는지 오늘 감사하고 싶 습니다. 꾸준히 학습해서 6년 후쯤 다시 한 번 다혜의 변화에 감 사의 글을 쓰고 싶습니다. 감사합니다.

04___

스스로 공부하고
스스로 성취한 아이들

　　　　재능교육 학습지를 통해 공부한 학생들
이 자신이 원하는 대학에 진학한 사례는 수없이 많다. 이들은 한결
같이 스스로학습법의 위력을 증언한다. 어릴 적에 몸에 밴 스스로학
습법이 학창 시절을 행복하게 해주었고, 희망하는 대학에 갈 수 있
었다.

　학습습관은 한번 형성되면 자전거처럼 넘어지지 않고 굴러간다.
최근 《맘대로 키워라》에 게재된 스스스학습법을 익힌 학생들의 자
랑스러운 사례 3편을 소개한다.

은근함, 꾸준함, 우직함 삼총사

― 류희영 (가천대학교 의과대학)

서울대 공대, 카이스트 공대, 가천의대 세 곳에 지원하여 모두 합격한 희영 양. 사실 공대는 차선책이었다. 의사가 되어 가난한 나라로 의료 선교를 가는 것이 꿈이었던 희영 양은 최종적으로 가천의대를 선택했다.

희영 양이 재능교육 학습지와 인연을 맺은 것은 6살 때로 거슬러 올라간다. 엄마는 희영 양을 학원에 보내는 대신 학습지로 공부하게 했다. 그 이후 초등학교를 마칠 때까지 재능교육 학습지는 희영 양의 공부 길에서 훌륭한 동반자가 되어주었다. 본래부터도 무엇을 하나 시작하면 그날 끝을 보아야 하는 스타일인 희영 양에게 재능교육 학습지는 그녀의 그런 타고난 기질을 더욱 강화해주는 방향으로 작용했다고 한다. 이야기를 듣다 보니 '은근함과 꾸준함의 대명사'야말로 희영 양을 가장 잘 표현해주는 말일 듯했다. 그 외에 자신만의 특별한 공부 비법이 있을까?

"어떻게 하면 공부를 잘하느냐고 묻는 사람들이 많은데요, 사실 저도 잘 모르겠거든요. 저는 절대 천재형이 아니에요. 오히려 그런 사람들을 보면 그들의 세계와 저의 세계는 따로 있는 것 같다는 생각이 들더라고요. 그래서 '남과 비교하지 말자' '현재 내가 가지고 있는 것을 최대한 이용해서 더 발전시키자', 그렇게 생각하고 공부했을 뿐이에요. 그리고 해야겠다는 생각이 들면 진짜 열심히 하는 편이에요."

희영 양의 부모님은 세세히 체크하는 매니저 스타일도, 그렇다고 방목하는 스타일도 아니다. 딸의 공부습관을 잘 알기에 앞에서 끌고 가기보다는 뒤에서 밀어주거나 옆에서 받쳐주는 식이었다. 엄마는 "네가 불안하지 않을 만큼만 공부해라"라고 말씀을 하는 정도였지만 오히려 희영 양이 부모님을 졸랐다. 불안하지 않기 위해 다 외웠고, 외운 것이 맞는지 틀리는지 확인받기 위해 엄마 아빠를 졸라댔다고 한다. 왜 주무시냐고, 내가 외운 것 체크해주셔야 한다고. 희영 양의 '등쌀'에 엄마 아빠는 교대로 소파에 대기하면서 불침번을 섰다.

공부가 그렇게 재미있었을까?

"하하, 아니에요. 지금까지 한 공부는 모두 수능을 위한 거잖아요. 재미있어서 한 것은 아니죠. 물론 그 과정에서 소소한 재미를 맛보는 순간이 있기는 했지만 그 자체가 재미있지는 않았어요. 대신 피할 수 없고 해야 하는 것이라면 그런 상황 속에서도 재미를 느끼려고 했어요." 어린 나이임에도 스스로 절제하고 극복하고 넘어서는 힘이 놀랍다. 그런 저력은 어디에서 왔을까?

희영 양은 자신의 삶의 모델로 두 사람을 꼽았다. 한 명은 '사지 없는 삶'의 대표인 닉 부이치치Nick Vujicic. 팔과 다리가 없는 장애를 가지고 태어났지만 자신의 한계를 껴안으며 전 세계 사람들에게 희망을 전하는 그를 보면서 깊은 감명을 받았다고 한다. 또 한 명의 롤 모델은 3년간 동고동락한 대학교 기숙사 룸메이트라고 한다. 공부는 잘하는 편이 아니었지만 봉사 활동만큼은 정말 잘하는 친구라고 했다. 스스로 이타적인 사람이라 생각했던 희영 양은 그야말로 대단한 '강적'을 만났다고 했다. 그러고 보니 두 모델 모두 희영 양이 장차 하고 싶어 하는 의료 선교와도 맥락이 연결된다.

희영 양의 남다른 이타심의 원천은 무엇보다도 엄마 아빠인 것 같다고 했다. 남 돕기를 좋아하고 기꺼이 헌신하는 부모님의 모습을 보면서 "어차피 돈은 내 것이 아니라 남을 위해 써야 한다"는 가치관을 정립하게 되었다고 고백한다. 타인과 공동체를 위하는 사람은 스스로 학습하며 행복한 삶을 사는 사람이라고 생각한다는 희영 양. 그녀의 꿈을 응원한다.

회원 사례 2

집중한 10분이 산만한 100분보다 낫다

– 노승원 (서울대학교 건설환경공학과, 행정고시 연수생)

노승원 씨는 서울대학교 건설환경공학과에 합격하여 열심히 공부하면서 행정고시 기술직을 준비했다. 4번의 도전 끝에 마침내 행정고시에 합격했다. 자연과학 중 공학 및 기술 분야 업무에 종사할 일반직 5급 공무원을 채용하는 행정고시 기술직은 일명 '기술고시'로 불리는 어려운 시험이다.

"어릴 때부터 막연하게 공직자의 꿈을 키워왔습니다. 부모님이 공직에 계셔서 알게 모르게 영향을 받은 부분도 있고, 개인적인 사업보다는 국가와 사회를 위한 일을 하고 싶어서요."

대학원에도 진학해 대학원 수업과 시험 준비를 병행하느라 인생에서 가장 힘든 시기를 겪었다는 노승원 씨. 하지만 결국 고독한 경기를 무사히 완주한 그에게 무엇이 원동력이 되었을까?

"원래 한눈팔지 않고 정해진 목표를 향해 성실하게, 우직하게 나아가는 편입니다. 한마디로 별로 재미없게 사는 사람이죠."

노승원 씨는 학습지 이외엔 특별한 사교육 없이도 우수한 내신 성적과 전교 부회장 이력으로 서울대학교 건설환경공학과의 수시모집에 합격했다. 그에게는 자신만의 공부법이 있었다.

"일단 학습 목표량을 분명히 정해야 합니다. 단순히 공부 시간을 정해 시간을 채우는 게 아니라 얼마만큼 공부할 것인지 양을 정하고 목표를 완수합니다. 그러기 위해 저는 다이어리에 일별, 월별 학습 목표를 세우고, 진행 사항을 점검했습니다. 그리고 공부할 때는 집중력이 가장 중요합니다. 집중한 10분이 산만하게 공부한 100분보다 나은 법이니까요. 그래서 공부할 때는 음악이나 스마트폰, TV 등을 멀리합니다."

그의 또 다른 공부 비법은 '오답 노트'나 '요약 노트'를 손수 정리하는 것이다. 단지 눈으로 보고 이해하는 것이 아니라 손으로 직접 쓰며 손이 기억하는 공부를 해야 한다는 것. 이렇게 목표를 세운 뒤 그 목표량을 묵묵히 완수하기 위해서는 성실함이라는 몸의 훈련이 탄탄하게 받쳐줘야 한다.

노승원 씨는 10여 년간 풀어온 재능교육 스스로학습교재가 양질의 자양분이 되었다고 말한다.

"재능교육 스스로학습교재는 하루 분량이 정해져 있잖아요. 매일 목표량을 달성하며 성취감을 느꼈어요. 매일 공부한 분량이 1주일 동안 모이면 꽤 많은 양이 되더라고요. 1주일간 공부한 양을 훑어보며 뿌듯해한 기억이 나요. 매일 얼마 안 되는 것 같은데 그것이 쌓이면 많은 양이 된다는 것을 알게 되었죠."

노승원 씨는 7살 때 두뇌 발달에 좋다는 한자를 공부하기 위해 〈재능한자〉로 재능교육 스스로학습교재를 시작했다. 그리고 중학교 2학년까지 〈재능국어〉와 〈재능수학〉을 공부했다. 재능교육 스스로학습교재를 통해 계획적으로 공부하는 습관을 익히고, 계획을 잘 지켜야 한다는 책임감을 배우게 되었으며, 더 나아가 공부하는 즐거움을 알게 되었다.

"지금 뒤돌아 생각하니 어릴 때 공부한 재능교육 스스로학습교재 덕분에 중고등학교 시절, 공부하는 맛을 알게 된 것 같아요. 몰입감과 성취감을 느끼며 공부할 수 있었어요."

하지만 모든 학생이 노승원 씨처럼 성실하게 공부를 즐길 수 있는 것은 아니다. 그는 후배들을 위해 이렇게 조언한다.

"공부를 하려면 하고 싶은 다른 일들을 참고 포기해야 할 때가 많지만 그것을 잘 견디면 그에 합당한 보상이 반드시 주어집니다."

어릴 적 꿈을 이룬 노승원 씨의 말이기에 남다른 힘이 느껴진다.

글로벌 리더 꿈 키워준 재능교재

- 조인정 (와세다대학 아시아태평양연구대학원)

조인정 양은 국내에서 고교 1학년 1학기를 마치고 미국으로 유학을 떠났다. 머시허스트고등학교를 졸업한 후 미국 내에서 '뉴 아이비리그'로 불리는 리하이대학 아시아학과에 합격했지만 최종적으로 일본 와세다대학을 선택하여 2017년 와세다대학 국제교양학부를 수석으로 조기 졸업했다. 졸업과 동시에 와세다대학 아시아태평양연구대학원에 진학했다. 앞으로 인정 양은 아시아 지역 연구와 개발도상국 국제 협력 연구에 매진할 계획이다.

인정 양이 해외 유학에서 가장 먼저 부딪힌 문제는 영어였다. 우리나라의 고등학교 수업만 떠올려 봐도 수업량과 어려움이 만만치 않은데, 하물며 외국의 고등학교에서 외국어로 수업을 따라간다는 건 분명 벅찬 일이다. 그러나 어린 시절부터 재능교육의 〈재능리틀영어〉〈재능영어〉를 접한지라 영어에 큰 두려움을 갖지는 않았다.

"재능 학습지의 장점은 매일 3장씩 푸는 데 있다는 생각이 들어요. 처음 영어를 접했을 때 공부라고 생각하지 않았어요. 학습지를 끝내고 재능영어 테이프를 듣는 게 당연하고 재미있었으니까요. 유학을 가서 언어 장벽이 있기는 했지만 영어 듣기가 생활화되어 있다 보니 영어가 싫다거나 포기하고 싶지 않았습니다."

유학 중에도 인정 양은 힘든 순간이면 팝송을 들으며 스스로를 위로했다. "〈아메리칸 아이돌 시즌7〉에 나온 데이비드 아출레타의 곡을 많이 들었어요. 노랫말이 꿈과 용기를 주거든요. 〈재능영어〉 테이프처럼 반복해서 듣다 보니 영어 공부에 큰 도움이 됐어요."

인정 양은 초등학교 때부터 10년간 학습한 〈재능국어〉, 7년간 공부한 〈재능영어〉〈재능수학〉〈재능과학〉 덕분에 공부에 대한 자신감을 키워 국내뿐만 아니라 유학 생활에 쉽게 적응할 수 있었다고 한다.

인정 양의 관심 분야는 언어와 역사, 교육이며, 장래 희망은 교육학과 교수다. 오래 전부터 꿈꿔온 목표에 좀 더 특별한 과제 하나가 더해졌다.

"제 기숙사 룸메이트가 중국인이었어요. 그 친구를 통해 우리나라와 중국의 교육을 비교해 보며 느낀 점이 많아요. 지금은 일본에서 공부하며 동아시아 3국의 교육을 직간접적으로 체험하고 있어요. 앞으로 더 깊이 연구해보고 싶어요."

많은 학생들이 목표나 꿈을 갖지 못한 채 방황하는 모습을 종종 본다. 그런 후배들에게 인정 양은 따뜻한 조언을 전한다.

"하루하루 해야 할 일을 놓치지 않는 것이 목표라고 생각하세요. 미국 유학 시절에 졸업 시험과 소프트볼 시합, 대학원서 작성 및 입학 준비 등으로 꿈을 돌아볼 여유도 없이 정신없이 바빴던 시기가 있었어요. 그때는 그저 제가 해야 할 일에 몰두했죠. 힘들었지만 해야 할 일, 주어진 일을 다 해냈기에 여기까지 온 것 같아요."

한국에서 생활할 때나 미국, 일본에서 유학 생활을 할 때나 어렸을 때부터 꾸준히 익혀온 스스로학습 습관이 지금의 자신을 만든 자양분이라고 말하는 인정 양은 "재능교육 후배들은 매일 학습지 3장을 풀면서 그날의 목표를 성취하는 학생들이니 분명 꿈에 도달할 거라 믿어요"라며 환하게 웃었다.

05___

최초,
최고를 향하여 도전하다

가슴 뛰는 일은 밤 새워도 힘든지 몰라

가지 않은 길을 최초로 가는 것은 외롭고 힘든 일이다. 스스로학습법을 개발하는 과정이 그랬다. 외국의 학습법을 로열티를 주고 수입하면 어려울 게 없다. 이미 프로그램이 개발되어 있으니 영업만 하면 된다. 하지만 최초로 개발하는 일은 시간과 에너지가 소비된다. 연구 개발뿐만 아니라 영업도 감당해야 하니 이중고가 아닐 수 없다. 하지만 힘든 만큼 보람도 있었다. 나에게는 늘 학습지업계 최초라는 수식어가 따라다녔다.

"왜 그렇게 힘든 길을 가셨나요?" 많은 사람들이 물어보는 질문이다. 나는 대학 졸업 후 무역회사에서 직원으로 일해봤고, 미국 유학 후에는 종합상사에 근무하다 그만두고 직접 봉제 사업도 해봤다. 하지만 재미를 느끼고 밤을 새우는 열정을 경험하지는 못했다. "내 평생에 걸쳐 열정을 바칠 가치 있는 일이 무엇일까?" 이 질문을 가지고 무척이나 고심했다. 젊은 시절 나에게는 가슴 뛰는 '업의 가치'가 필요했던 것이다.

모든 기업에는 '이윤 추구'라는 멍에가 지워져 있기는 하지만 기업가는 인류와 사회에 좋은 영향을 미치는 '업의 가치'를 세우고 그것을 추구해야 한다. 나에게 그것은 바로 교육 사업이었다. 교육이란 아이를 변화시키는 일, 스스로 변화하는 능력을 키워주는 일이었다.

교육 사업에 뛰어든 후 내 인생이 바뀌었다. 열정이 날마다 샘솟고 두려움은 사라지고 사명감이 생겼다. 우리 아이들이 일본의 연산 수학에 종속되는 것을 막고 사고력 수학을 개발하여 토종 브랜드를 만들겠다는 목표를 세운 뒤 학습지의 수입 대체 산업을 개발한다고 생각하니 밤을 새우며 연구해도 힘든지 몰랐다.

1,000원 높은 가격은 최초 개발자의 자존심

1981년에 〈재능산수〉 첫 교재를 출시하면서 선발업체인 K사보다 회비를 1,000원 더 받자고 제안했다. 하지만 회사 내부에서는 우리가 후발업체이므로 선발업체였던 K사와 회비를 맞춰야 한다는 의견이 지배적이었다.

"우리 회사 이름을 아무도 모릅니다. 경쟁사와 비교할 때 가격마저 높으면 백전백패입니다. K사와 같거나 적게 받아야 영업을 할 수 있습니다."

그 의견에 나는 단호히 맞섰다. "일본에서 수입한 K사 교재는 연구, 개발비에 투자하지 않고도 그 회비를 받습니다. K사 회원들이 낸 회비 중 일부는 일본에 로열티로 나가지 않습니까? 그런데 우리는 1차 프로젝트를 완성하는 데만 3년이 걸렸습니다. 이제 겨우 유아 과정을 출시했는데 앞으로 고등학교 과정까지 만들어내려면 연구 개발비를 얼마나 쏟아 부어야 할지 알 수 없습니다. 어떻게 연구 개발비를 거의 안 들인 K사 교재와 같은 회비를 받을 수 있습니까? 1,000원 더 받읍시다. 개발자로서 나의 자존심입니다."

나는 비용에 맞춰 교재를 개발한 것이 아니다. 최초의 프로그램식 학습교재를 개발해 우리 아이들에게 꼭 필요한 교육 서비스를 제공하고 싶었을 뿐이다. 그 한결같은 마음으로 그동안 투자해온 시간과 노력과 정성을 생각하면 1만 원을 더 받아도 부끄럽지 않다는 생각이 들었다. 가치 있는 일에 대한 자존심, 그것이 1,000원이었다.

직원들도 결국 동의했다. 그래서 '1,000원의 자존심'은 지켜졌다. 회원 가입을 받을 때 교재의 내용을 제대로 설명하면, 1,000원 때문에 못하겠다는 사람은 많지 않았다. 이런 고가 정책이 성공한 것은 회원들이 〈재능수학〉의 진가를 알아주었기에 가능한 일이었다. 서두르지 않고 한 사람 한 사람 설득해나가니 노력의 값어치를 이해해주는 사람들이 빠른 속도로 늘어났다. 처음에는 의기소침했던 직원들이 자신감을 얻고 용기백배하여 의욕적으로 뛰기 시작했다.

재능교육의 최초의 행진은 계속되었다. 〈재능한자〉도 〈재능수학〉

을 개발한 방법을 따라 프로그램식으로 개발했다. 〈재능영어〉〈재능국어〉도 전부 이런 과정을 통해 완성되었다. 〈재능과학〉〈재능사회〉〈재능일본어〉〈재능중국어〉도 마찬가지다. 〈생각하는 피자〉역시 창의적인 방법으로 개발되었다. 토종 브랜드를 업계 최초로 해외시장에 진출시켰고, 친환경의 콩기름 인쇄를 학습지업계 최초로 실시했다.

최초 상담교사제로 여성의 사회 진출 확산

나는 1989년도에 학습지업계 최초로 상담교사제를 도입하여 여성의 사회 진출이 확산되는 계기를 마련했다. 당시 대졸 여성들은 사회 진출 기회가 많지 않았다. 대졸 고급 여성 인력이 집에서 살림하는 데만 머무는 것이 안타까웠다. 신문에 모집 광고를 조그맣게 냈는데도 여성들이 대거 몰려들었다. 깜짝 놀랐다. 이렇게 많은 여성들이 일할 기회를 기다리고 있었던 것이다. 우리가 대졸 여성을 뽑아 학부모들에게 좋은 반응을 얻자 남성 중심의 학습지업계에 큰 변화가 일어났다. 이후 학습지업계에서는 대졸 여성 교사가 대세를 이루게 되었다.

16년 기다림 끝에 탄생한 재능스스로펜

　　요즘은 2~3살밖에 안 된 유아가 엄마의 도움도 없이 혼자 태블릿PC를 손가락으로 터치해서 애니메이션을 본다. e북으로 그림책을 보며 음성을 들을 수도 있고, 터치를 해서 그림을 움직일 수도 있다. 기술의 발달이 많은 것을 가능하게 해주고 있다. 그런 모습을 보면서 오래전 '스스로펜'을 개발할 때의 어려움이 떠올랐다.

　1994년 1월, 제이마스터JEI-MASTER라는 학습도구를 출시했다. 바코드와 CD의 장점을 조화시켜 쉽고 편리하게 외국어를 학습할 수 있도록 개발한 외국어 학습기기였다. 특수 제작된 펜을 학습교재의 바코드에 대면 고음질 디지털 사운드로 내용을 재생하는 기기였다.

　나는 학습내용에 대한 관심 못지않게 학습을 도와줄 수 있는 방법들에 대해서도 지속적으로 관심을 가져왔다. 해외 출장을 가면 새로 나온 문구나 교구 시장을 둘러보며 어떻게 학습을 도울 수 있을까 고민했다. 더 재미있게, 더 손쉽게 공부할 수 있는 방법이 있다면 무엇이든 도입해보고픈 욕심도 있었다. 제이마스터도 그런 고민에서 나온 도구였다.

　원어민 영어 열풍이 불면서 학원가에는 원어민 선생님들의 강의가 늘어나고 있었다. 〈재능영어〉도 학습내용으로는 손색이 없었지만 원어민의 발음을 녹음 테이프보다 편리하게 다시 듣고 싶은 부분을 즉시 반복해서 가르칠 수 없다는 안타까움이 있었다. "글에 펜을 갖다 대면 원어민의 발음으로 읽어주는 기능이 있다면, 아이들이 혼자서 공부하면서도 발음까지 완벽하게 해낼 수 있을 텐데!" "어학 과목을 지도할 때 재능선생님들의 발음에 대한 부담도 덜어줄 수 있을 텐데!" "어린이 도서에 펜을 갖다 대었을 때 책 내용이 음성으로 나온다면, 한글을 모르는 유아들도 혼자서 자유자재로 학습할 수 있을 텐데!"

이런 고민에서 제이마스터가 탄생했다. 당시로서는 파격적인 학습도구였다. 그러나 너무 고가였고 부피도 커서 아이들이 편하게 이용하기에는 무리가 있었다. 펜 하나에 더욱 간편하면서도 더 편리한 모든 기능을 탑재한 기기를 만들기 위해 나는 많은 개발자들을 만나며 새로운 시도를 했다. 하지만 개발 과정이 쉽지 않았다. 그리고 10년이 지난 2010년, 드디어 내가 원하던 기능의 '재능스스로펜'을 출시할 수 있었다.

내 손 안의 원어민 선생님,
스스로펜의 놀라운 위력

"요즘 외국어 공부하는 아이들은 찍는답니다. 내 손 안의 원어민 선생님, 재능스스로펜." 〈아침이슬〉로 유명한 가수 양희은 씨의 톡톡 튀는 말투로 만들어진 광고 카피다. '스스로펜'은 스스로교육철학을 바탕으로 '좋아서 쉬워서 스스로'라는 스스로학습법의 원리에 입각한 학습도구다. 음원을 입힌 재능교재에 '펜' 모양의 디지털 어학기로 찍기만 하면 얼마든지 듣고 싶은 부분을 무제한으로 반복하여 들을 수 있게 만들었다.

'스스로펜'이 출시된 후, 아이들은 물론 한글이나 한자, 영어, 중국어, 일본어 등 어학공부가 필요한 성인과 노인들에게도 크게 환영받았다. 즐겁고 쉬워서 스스로 하고 싶어지는 학습을 구현하기 위해 남들보다 한발 앞서 '학습도구'를 개발해온 보람이 컸다. 스스로펜은 그야말로 24시간 내 손 안의 원어민 강사의 역할을 톡톡히 하고 있다. 펜 하나로 영어, 중국어, 일본어를 자유자재로 공부할 수 있다. 또 〈재능한글〉〈생각하는 피자〉〈유아수학〉에도 활용되고 있다. 스스로펜은 만능 어학선생님의 역할을 하고 있는 것이다.

글자를 모르는 유아들도 엄마의 도움 없이 쿠키북에 스스로펜을 찍기만 하면 예쁜 목소리로 생생하게 동화를 들을 수 있게 된 것이다.

스스로펜을 반가워한 것은 회원들만이 아니었다. 재능선생님들이 누구보다 반겼다. 스스로펜의 등장은 선생님들의 외국어에 대한 두려움과 근심을 말끔히 사라지게 만들었다. 배우는 회원들에게도 도움이 되고, 지도하는 선생님들에게도 도움이 되는 일거양득의 효과를 본 것이다.

최초의 의미는 창의성이고 역사성이라는 자부심이다. 재능교육 임직원들이 스스로학습법은 자기주도학습의 원조라는 자부심을 가지고 역사성을 이야기할 때 이루 말할 수 없는 기쁨을 느꼈다. "재능교육은 다릅니다. 우리는 토종 브랜드의 역사가 있습니다. 우리가 수입했다면 역사를 자신 있게 말할 수 없습니다. 그러나 우리는 최초의 토종 브랜드인 까닭에 처음 시작의 역사가 있습니다."

하지만 최초의 의미가 지속되려면 최고가 되어야 한다. 최초의 자부심은 최고의 열정과 헌신으로 지켜야 한다. 최초를 지키려는 노력은 처절할 수밖에 없다. 흔들리지 않고 피는 꽃이 어디 있겠는가.

06

스스로학습은
스스로경영으로 진화

안주머니에 품고 다녔던
'꿈나무 비전' 조직도

"꿈은 이루어진다." 나는 꿈을 꾸는 사람
이었다. 사업 초기부터 회사의 미래가 담긴 조직도를 손수 그려서
항상 안주머니에 넣어가지고 다녔다. 미래 사업 계획이 상세하게 그
려져 있는 조직도였다. 거기에는 교육 사업, 문화 사업, 출판 사업,
교구 사업, 서비스 사업, 연구·정보 사업, 해외 사업의 7개 영역이
포함되었다. 각 영역은 3년에서 5년 이내 추진할 사업과 5년 이상
장기간에 걸쳐 추진할 사업으로 나누었다.

나는 이 조직도를 여간해서는 직원들에게 내보이지 않았다. 아무
것도 보이지 않는 상황에서 조직도를 보면 황당해할 것 같았다. 그
래서 정말 중요하고 의미 있는 자리에서만 간혹 꺼내 보이며 "이곳

에서 호흡을 같이한 사람들은 모두 전국에 관리자로 나갈 것"을 약속함으로써 직원들에게 회사에 대한 비전을 공유하고자 했다. 물론 직원들 중에서도 조직도를 보고 황당해하는 사람들도 있었다. 더욱이 친구나 가까운 사람들은 내가 하는 일을 전혀 이해하지 못했다. 프로그램식 학습교재를 개발하고 있다고 하면 그걸로 밥벌이가 되느냐면서 진심으로 걱정해주는 친지들이 많았다.

아인슈타인은 "처음 황당하게 들리지 않는 아이디어는 희망이 없다"고 선언했으며, 실리콘밸리에서는 "저 친구 미친 거 아니야?" 하면 제대로 하는 것이라는 유머가 있다. 에디슨, 빌 게이츠, 라이트 형제 등도 어처구니없는 일을 많이 했다. 예로부터 세상을 바꾸는 것은 모범생이 아니라 모험생이 대부분이었다.

일이 잘 풀리지 않고 어려움이 닥칠 때마다 나는 이 조직도의 비전을 보면서 힘을 얻곤 했다. 반드시 꿈이 이루어질 것이라는 확신이 있었다. 꿈은 희망이고 활력소였다. 주저앉고 포기하고 싶을 때 꿈을 꾸면 다시 힘이 솟아났다.

그리고 이것은 현실이 되었다. 1987년 12월, 창업 이래 처음으로 수도권에 5개 지국을 신설하고, 초창기 직원들을 관리자로 임명하면서 나는 약속을 지켰다. 그림으로 그려 넣은 회사의 비전이 현실화되자 임직원들은 내가 그린 조직도를 '꿈나무 비전'이라 부르기 시작했다. 회사와 나의 가치 그리고 열정에 대한 신뢰의 나무가 한 뼘 더 자랐음은 물론이다.

스스로학습에서 태어난 스스로경영

스스로경영은 인간의 무한한 가능성을 신뢰하고 개발하려는 스스로교육철학과 스스로학습시스템을 경영에 그대로 도입해 구축하려는 '자율경영시스템'이다. 사업 초기에는 사람 중심의 정圀 문화가 회사 성장의 밑거름이었다. 그러나 회사 규모가 커짐에 따라 온정주의 문화로 움직이던 조직을 효율적인 시스템으로 관리할 필요를 느꼈다. 스스로학습시스템을 경영에 접목한 스스로경영은 자율적이고 책임 있는 인재를 육성하고 창의적인 조직을 만들어나가려는 기업문화운동이다.

스스로학습이 인간의 무한한 가능성과 자발적 본성에 대한 신뢰를 바탕으로 했듯이 스스로경영에 있어서도 무엇보다 중요한 것이 직원에 대한 신뢰다. 나는 신뢰를 중시하면서 직원들과 소통해나갔고, 스스로경영은 자연스럽게 기업문화로 뿌리내렸다.

회사 출범 후 한동안 나는 직원들의 월급을 마련하기 위해 돈을 빌리고 사채까지 쓸 정도였다. "빚만 없으면 리어카를 끌어도 좋다"고 할 정도로 심한 스트레스를 받았지만 직원들의 급여만은 한 번도 차질을 빚은 적이 없었다. 직원과 선생님에 대한 신뢰를 바탕으로 한 스스로경영이 자리를 잡으니 회사의 경영도 나아지기 시작했다. 개인별·능력별 1 대 1 진단학습프로그램인 '스스로학습시스템'은 수백만 회원이 선택하는 학습시스템이 되면서 전국적인 조직으로 성장할 수 있었다.

1992년 최초의 여성 지국장 탄생

1989년에 여성 상담교사를 처음으로 선발한 이후 여성들의 일할 기회가 많아지고 여성 관리자도 배출되었다. 우선희 선생님은 1기 상담교사로 들어왔다가 입사 3년 만인 1992년도에 최초로 한 지역을 책임지는 지국장에 발탁되었다. 2005년에는 심은정 지국장이 서울에서 40명의 지국장을 총괄하여 관리하는 총국장으로 승진함으로써 첫 여성 고위 간부가 되었다. 재능교육은 여성이 전체 직원의 70% 이상을 차지하는 여성친화기업이다.

20세기 산업사회가 남성 중심의 사회였다면, 21세기 지식정보사회는 소프트웨어의 여성 시대다. 지난 2009년 힐러리 당시 미국 국무장관이 내한했을 때 이화여대 초청 강연에서 "21세기를 여성으로 살아가는 게 얼마나 멋진 일인지 아느냐?"고 격려한 바 있다. 이제는 동서를 막론하고 여성의 능력이 크게 각광받으면서 국가발전의 경쟁력이 된 것이다.

나는 2015년에 BPW KOREA(전문직여성 한국연맹)가 주는 골드어워드Gold Award를 수상하는 영예를 얻었다. 업계 최초로 여사원 상담교사를 공개 채용하고 그동안 10만여 명의 여성들이 우리 회사를 통해 자아실현과 복지 증진을 이룩해나간 공을 인정받은 것이다. 내가 수상한 'BPW 골드어워드'의 최초 수상자인 삼성의 이건희 회장은 "여성 인력을 제대로 활용 못하는 것은 자전거 바퀴 하나를 빼고

달리는 것과 같다"고 말했다. 부존자원이라고는 사람밖에 없는 우리나라는 여성 인력이 중요한 경쟁력이 될 것이다. 재능교육은 앞으로 우수한 여성 인력들이 유리천장을 깨고 힘차게 사회로 진출해나갈 수 있도록 더 많은 기회를 마련해나갈 것이다.

최고의 교육 콘텐츠 개발 산실,
스스로교육연구소

스스로학습을 구현하는 스스로학습법의 산실은 재능교육 스스로교육연구소다. 나는 재능교육 설립 초창기에 스스로학습법을 연구할 때 사무실에서 밤을 새우며 연구에 몰두했다. 나의 집 아래층에 연구소를 두고 20년 넘게 살았던 이유는 시간을 절약해서 학습시스템과 교재 개발에 몰두하기 위해서였다.

내가 쏟았던 연구 개발에 대한 땀과 열정은 연구원들에게 고스란히 전해졌다. 유아부터 고등과정까지 〈재능수학〉 교재를 완성하기까지 꼬박 20년의 세월이 흘렀고, 국내 최초의 창의성 교재인 〈생각하는 피자〉를 비롯한 재능교육의 모든 교재들은 나와 연구원들의 장인정신으로 만들어졌다.

스스로교육연구소는 2015년 기존 연구소 자리에 크리에이티브센터Creative Center를 설립해 창의와 영감이 넘치는 최적의 연구 시설을 조성했다. 연구소는 회원들이 가장 효과적으로 학습할 수 있도록 진단처방시스템을 업그레이드하고, 개인별·능력별 맞춤학습 교재의 개발 등 끊임없는 연구 개발에 매진하고 있다. 또한 유아부터 노인까지 생애주기별 평생교육과 IT에 기반한 온라인 디지털 셀프러닝 프로그램 개발에 박차를 가하고 있다.

연구소장을 겸하고 있는 박종우 재능교육 대표는 "스스로학습법을 제대로 알고 실천하는 일, 스스로학습 콘텐츠를 최고의 교육 콘텐츠로 더욱 발전시켜가는 일, 이 2가지를 킹핀king pin으로 삼아 더욱 성실한 지도와 최상의 교육 서비스를 제공해야 한다"라고 기회 있을 때마다 강조하고 있다.

친환경 콩기름 인쇄로 호평받는 재능인쇄

재능교육은 교재 인쇄를 위해 회사 설립 초기부터 10평 남짓한 공간에 인쇄자료실을 두었다. 그러나 1993년 말 회원 수가 수십만 명에 이르자 교재 물량이 폭증하여 더 이상 감당할 수 없게 되었다. 특히 '텐텐기'라는 소형 인쇄기로 중철 제본을 수작업으로 하다 보니 시간과 인건비 부담이 클 뿐만 아니라 회원들이 학습지를 다루는 과정에서 손에 상처를 입는 경우가 발생했다. 나는 즉시 재능인쇄를 별도 법인으로 독립시키고, 현대적 인쇄 시스템을 갖추어 양질의 인쇄물을 제작하기 시작했다.

나는 소중한 아이들이 매일 직접 만지고 공부하는 교재인 만큼 종이와 잉크도 양질의 제품을 쓰고 싶었다. 인체에 무해한 콩기름 잉크를 사용하기 위해 1996년 6월부터 미국 콩기름협회로부터 콩기름 마크 인증을 획득하여 콩기름 인쇄를 시작했다. 콩기름 잉크는 아이들의 체내에 유해 물질이 쌓이는 위험을 방지할 수 있을 뿐만 아니라 사원들의 작업 환경을 개선하는 효과도 있었다. 그래서 제작비 상승에도 불구하고 콩기름 인쇄를 도입한 것이다. 콩기름 인쇄는 재능에서 발행하는 모든 인쇄물에 현재까지 변함없이 사용되고 있다. 아이들의 미래를 생각하며 교육 사업을 하는 사람으로서 아이들의 건강까지 지켜주고 싶은 마음이 간절했기 때문이다. 비용은 문제가 되지 않았다. 학습지 1,000원을 더 받았을 때처럼 비용보다 가치를 생각하는 나의 자존심이었다.

힐링하고 재충전하는 곳, 재능교육연수원

재능교육은 회사 발전의 근간을 항상 '교육'에서 찾았다. '교육이 곧 미래'라는 재능교육의 신념을 실천하는 학습의 장으로서 그동안 한국방송광고공사나 훼밀리콘도의 시설을 빌려 썼기에 그만큼 아쉬움도 많았다. 창업 초기에 마련한 나의 비전수첩에는 연수원이 항상 앞자리에 있었다.

마침내 2002년 천안 재능교육연수원 준공으로 그 꿈을 이루었다. 전국 조직망의 중간 지역인 천안에 3만여 평 부지를 정하고 최신식

시설을 갖춘 것이다. 크고 작은 강의실과 분임토의실, 디지털 교육 시설은 물론 내 집 같은 편안한 숙박 시설에다 축구장, 체력단련실, 사우나, 노래방까지 마련했다. 연수원은 우리가 하는 일의 소중함과 가치를 공유하는 학습장이기도 하지만 단합하고 힐링하고 재충전하는 장소이기도 하다. 구글 사무실은 놀이터 같은 분위기라고 하는데, 연수원만이라도 아늑하면서 창의적인 산실로 만들고 싶었다.

재능교육에 입사한 사람들은 누구나 연수원에서 교육부터 받기 시작한다. 처음에는 교사 교육 위주로 출발했으나 최근에는 리더십 교육, 디지털인재교육, 사이버교육, 전문강사양성교육 등 다양한 사원 교육이 실시되고 있다. 현재 재능교육연수원은 재능가족의 교육뿐만 아니라 삼성, LG를 비롯한 대기업에서도 이용하고 있으며, 법무부, 경찰청, 경기도교육청 등 정부 주요 부처도 자주 찾는다. 많은 기업과 기관들이 앞다투어 신청하는 인기 시설이 되었다.

재능교육연수원은 직능이나 직무 교육뿐만 아니라 앞으로 평생교육원으로서의 역할도 할 수 있기를 기대한다.

재능TV,
디지털 미디어와 스스로학습법의 만남

나는 매스컴의 영향력이 커지면서 어린이들을 위한 교육방송을 꿈꾸어왔다. 디지털 미디어 시대를 살아가는 아이들에게 걸맞은 학습지도 방법이라고 판단했기 때문이다. 영상 미디어에 익숙한 세대들에게 스스로학습법을 디지털 미디어로 전달할 수 있으면 더욱 큰 효과를 얻을 수 있지 않을까 생각했다. 대면식 학습의 한계를 극복하고 다양한 방송통신을 통해 스스로학습법을 전달할 수 있는 방법을 모색하려 했다.

1998년 어린이와 유아를 대상으로 유익한 교육콘텐츠를 제공하기 위해 개국한 재능TV는 모든 계열사가 교육에 관련된 스스로교육철학을 구현할 수 있는 광장이 되었다. 재능TV와 English TV는 놀이와 노래와 이야기로 구성된 다양한 프로그램을 통해 어린이들의 정서 함양과 창의력 사고력 계발에 앞장서고 있다. 나는 유익하고 재미있는 프로그램을 만들 수 있도록 일선 실무자들에게 많은 자율권을 주고 격려를 아끼지 않았다. 모든 구성원들이 합심하여 노력한 결과 재능TV는 어린이 TV의 선두주자가 되었고 아이들은 재능TV를 무척 좋아한다.

07___
스스로교육철학의 전당,
인천재능대학교

사교육을 넘어 공교육에서 빛나는
스스로교육철학

요람에서 대학까지 스스로교육철학이 실현되는 교육 현장을 만들 수 없을까? 내가 1997년 인천재능대를 인수하게 된 것은 바로 이와 같은 꿈을 이루기 위한 또 다른 발걸음이었다. 학습지를 통해 사교육에서 스스로학습법을 전파하며 교육의 변화를 추구해왔지만 그것과 별개로 공교육으로도 스스로교육철학을 구현하고 싶었다.

인천재능대학교의 건학이념도 "모든 인간은 무한한 가능성을 가지고 있으며, 누구나 유능한 인재로 양성될 수 있다"는 스스로교육철학에 바탕을 두고 있다. 스스로교육철학으로 학습한 우수한 인재들이 사회 각계각층에 진출해 스스로교육철학을 전파하고 실천하기를 바라는 마음으로 인천재능대학교를 설립했는데, 실제로 그 희망은 현실이 되고 있다. 인천재능대에서 배출한 졸업생들은 국내외 다양한 사업장에서 유능한 인재로 빛을 발하고 있다. 나는 인천재능대의 이사장으로서 2006년부터 이기우 총장에게 권한을 위임하고 총장이 재능스스로교육 철학을 바탕으로 소신껏 학교를 이끌어갈 수 있도록 지원해왔다.

9관왕 비결 벤치마킹하러 찾아오는 사람들

"9관왕에 오른 것을 축하합니다." 2017년 상반기까지 인천재능대가 9개 분야에서 1등을 차지한 것에 대해 외부 사람들이 건네는 축하 인사말이다.

인천재능대에는 언제부터인가 '1등'이라는 말이 자연스럽게 따라붙고 있다. 2016년 교육부와 한국연구재단이 발표한 특성화전문대학육성사업 중간 평가 최종 결과에서 '최우수 대학'에 선정되는 쾌거를 이뤘다. 3년 연속 취업률 수도권 1위 달성, 대학구조개혁평가 수도권 최고 점수로 최우수 A등급 획득, 세계적 수준의 전문대학WCC 선정, 전문대학 최초 학위 연계형 일·학습병행제 지정, 사회맞춤형 산학협력선도 육성사업 선정 등 정부의 재정지원사업에 9관왕을 석권한 인천재능대에는 항상 '최초' '최고' 등의 수식어가 따라다닌다. 이런 성과들이 궁금해서 타 대학에서 벤치마킹하러 찾아오는 사람들이 늘어나고 있다.

인천재능대 학생들의 가장 큰 무기는 자신감이다. 심각한 취업난 시대에도 인천재능대는 해마다 전년 실적을 뛰어넘는 취업률을 기록하고 있다. 교육부가 발표한 '고등교육기관 졸업자 취업 통계 조사'에서 2013년 수도권 전문대 평균취업률은 58.6%였다. 반면 인천재능대는 2013년 70.2%, 2014년 74.3%, 2015년 78.9%, 2016년 82.6%로 해마다 취업률이 높아지고 있다.

인천재능대 학생들은 어느 대학보다 많은 혜택을 받고 있다. 장학금은 물론이고 해외연수, 해외 현장 실습 및 인턴십, 영어·중국어 특강 등 50개가 넘는 각종 프로그램에 무료로 참여할 수 있도록 아낌없이 대학에서 지원하고 있기 때문이다.

인천재능대가 수도권에서 3년 연속 취업률 1위를 자랑하는 데는 교수들의 헌신적인 노력도 중요한 역할을 하고 있다. 인천재능대는 멘토링 시스템을 도입, 교수들이 학년별로 학생 20명 정도를 맡아서 졸업과 취업 때까지 체계적인 카운셀러 역할을 한다. 또한 교수들이 직접 우수 기업체를 찾아다니면서 제자들의 능력을 설명하고 취업을 돕고 있다.

또한 학교법인 재능학원에는 인천재능대학교 외에도 재능유치원, 재능중학교, 재능고등학교가 있다. 유치원과 중·고등학교 모두 명문학교가 되어 학생들과 학부모들의 만족도가 높으며 학교 평가도 좋다. 유치원에서 대학교에 이르기까지 스스로교육철학을 토대로 학교가 운영되고 발전하고 있어서 이사장으로서 큰 기쁨과 보람과 고마움을 느낀다.

08___

회장님 수첩은 보물

〈재능수학〉과 컴퓨터
진단프로그램 개발이 가능했던 이유

"수학을 전공한 것도 아닌데 어떻게 〈재능수학〉의 전 과정을 개발하셨어요?" 주변 사람들이 나에게 가장 많이 묻는 질문이다. 경영학을 전공한 내가 20년에 걸쳐서 유아부터 고등학교까지의 수학 과정을 어떻게 개발하게 되었는지 궁금할 만도 하다. 나는 대학 입시에 실패하고 절실한 심정으로 재수를 준비하면서 수학을 좋아하게 되었다. 수학은 논리적이고 정답이 있어서 스스로 공부하기에 좋았고 재미있었다. 문제를 붙들고 씨름하면서 사고력이 자랐다. 수학의 원리를 깨닫고 나니 어떤 응용문제가 나와도 풀 수 있었다. 수학에 대한 사랑은 대학에 들어가고 미국 유학을 가서도 계속되었다. 그리고 〈재능수학〉 교재를 개발할 때도 수학이 좋아서 스스로 연구하고 개발하는 게 즐거웠다.

컴퓨터 진단프로그램 개발에 관한 질문도 많이 받는다. 내가 컴퓨터를 전공하지 않았기에 컴퓨터와는 관계가 없어 보이기 때문이다. 내가 대학을 다니던 1960년대는 컴퓨터를 구경하기가 쉽지 않았다. 당시 미국 유학파 젊은 교수가 "앞으로 세상은 놀랄 만큼 빨리 변할 것이며, 그 변화의 중심에는 컴퓨터가 있다"는 말을 자주 하곤 했다.

혼자서 영어 공부를 하면서 유학 준비를 하고 있을 때 과학기술처 산하 한국생산성본부에서 실시하는 컴퓨터 교육 광고를 접하게 되었다. 마침 교수의 말도 자극이 되어 곧바로 등록을 하고 6개월간 컴퓨터의 구성과 작동 원리, 프로그래밍을 포함한 전 과정을 배웠다. 남보다 먼저 세상이 어떤 모습으로 변화할지 감을 잡았고, 남보다 먼저 그 변화의 중심에 있는 컴퓨터를 배운 것이다. 이때 컴퓨터 공부가 정말 재미있었다. 밤새 공부하면서 프로그램 짜는 원칙을 배우니 수학과 비슷했다.

수학을 좋아하고 컴퓨터를 좋아하니 두 과목이 천생연분처럼 친해졌다. 컴퓨터를 배운 바탕이 있기 때문에 컴퓨터로 진단하고 학습을 처방하는 프로그램식 진단평가시스템을 개발하겠다는 꿈을 가졌고, 그것을 실행에 옮겨 꿈을 이룰 수 있었다. 사람들은 내가 컴퓨터 프로그램의 알고리즘을 제대로 이해하고 응용할 줄 안다고 말하면 놀라면서 남다른 시선으로 본다.

컴퓨터를 잘 아는 덕분에 나는 새로운 제품의 얼리 어답터early

adopter가 되었다. 70대인 내가 스마트폰을 능숙하게 다루는 것을 보고 주변 사람들이 신기해하는 이유이기도 하다. 나는 새로운 것에 관심이 많다. 새로운 것이 나오면 실험하고 적용하기를 좋아한다. 스스로학습하는 자세가 체질화된 덕택이다.

독서는 스스로학습의 좋은 교본

"회장님은 독서를 참 많이 하시네요?" 이 또한 주변 사람들의 단골 질문이다. 독서는 나의 또 다른 기쁨이다. 교육학, 경영학, 심리학, 뇌과학 분야는 내가 특히 관심 있는 독서 영역이다. 또한 육아 관련 책들도 즐겨 읽는다. 학자와 전문가들이 평생 동안 이룩한 업적이 한 권의 책에 담겨 있는 게 아닌가. 책을 읽을 때마다 저자에게 감사한 마음을 갖는다. 우리가 세상을 살아가면서 모든 일을 경험할 수는 없지만 책을 통해 다른 사람의 치열한 삶을 간접경험하기 때문이다. 좋은 책을 정독하고 메모까지 하면 얼마나 기쁜지 모른다. 안중근 의사가 "하루라도 책을 읽지 않으면 입에 가시가 돋는다(일일부독서구중생형극, 一日不讀書口中生荊棘)"라고 한 말의 의미를 되새기곤 한다. 매일 책을 읽고 메모를 하고 어떻게 적용할지를 구상한다. 독서야말로 스스로학습의 좋은 교본이다. 책은 내 평생의 친구이자 지혜의 보고다.

나는 책을 즐겨 읽고 좋은 책은 직원들에게 소개하기도 한다. 『신념의 마력』『시크릿』『감사의 힘』『당신 안의 기적을 깨워라』『1분 경영』『경청』『배려』『칭찬은 고래도 춤추게 한다』『지구는 평평하다』등이 직원들에게 추천한 책들이다. 최근에는 『회복탄력성』『그릿』『제4차 산업혁명』『성공의 새로운 심리학』『사피엔스』등을 함께 읽어보고자 추천했다.

기록의 힘, 스스로학습법의 원동력

"회장님 수첩은 보물입니다." 2010년 당시 양병무 재능교육 사장이 내 수첩을 보고 한 말이다. "저도 메모를 참 많이 하는데 회장님 수첩을 보니 정말 감동입니다. 어떻게 깨알같이 글씨를 쓰고 요점을 정리하셨는지 놀라울 따름입니다. 그대로 옮기면 좋은 글이 되겠네요. '적는 자가 살아남는다'는 적자생존의 모델입니다." 그는 수첩을 복사해서 직원들에게 '적자생존의 모델 회장님의 수첩'이라고 소개하면서 '메모의 중요성'을 강조했다.

사실 나는 신문이나 책을 읽으면서 감동받은 부분은 꼭 메모를 한다. 메모하는 습관은 대학교 때부터 생겼다. 대학 시절 내 노트는 친구들에게 인기 만점이었다. 시험 때가 되면 친구들은 나에게 와서 노트 좀 빌려달라고 부탁했다. 강의에 들어오지 않던 친구도 내 노트를 보면 시험을 잘 볼 수 있을 정도여서 '노트의 달인'이라는 별명까지 얻었다.

이런 메모 습관은 교육 사업을 하면서 더욱 확고해졌다. "총명함은 둔한 붓만 못하다(총명불여둔필, 聰明不如鈍筆)"라는 말을 나는 좋아하고 믿는다. 좋은 아이디어를 떠올리는 것도 중요하지만 그것을 놓치지 않고 적어두는 것은 더 중요하기 때문이다. 아무리 머리가 좋아도 기록하지 않으면 기억할 수 없다. 『조선왕조실록』은 기록문화의 보고로, 왕의 일거수일투족이 전부 실록에 기록되었다. 유네스코에서 조선왕조실록을 문화유산으로 등록한 사실이 그 가치를 인정해주고 있다. 이렇듯 우리 민족은 원래 기록을 중시하는 민족이었다. 일본 식민지 시대와 군사독재문화를 거치면서 기록이 화근이 되어 기록문화가 약화되었을 뿐이다.

나는 메모가 습관화되어 있기에 초창기 〈재능수학〉 교재 개발의 모든 과정을 기록으로 남겼다. 책을 읽을 때도 중요한 부분은 줄을 치고 반드시 수첩에 옮길 뿐만 아니라 갑자기 떠오른 생각도 빠지지 않고 기록해둔다. 어쩌다 지난 수첩들을 뒤적거리면 창의적 발상이 떠오르기도 한다. 이렇게 메모한 수첩들을 40년 동안 버리지 않고 전부 보관하고 있다.

**재능교육헌장과
스스로교육철학을 수첩에 필사**

스스로학습법의 원동력은 메모에서 나왔

다고 할 수 있다. 내가 공부한 내용들을 정리하고 다시 보면서 스스로학습의 거대한 탑을 하나하나 쌓아간 것이다. 수첩을 바라보고 있으면 부자가 된 것 같은 느낌도 든다. 스스로 학습한 내용들이 여기에 전부 보관되어 있기 때문이다. 만약 내가 메모하지 않았다면 아마 스스로학습법도 탄생하지 못했을지 모른다. 기록의 힘, 메모의 힘은 이렇게 대단한 것이다.

나는 매년 새 다이어리를 받으면 의식처럼 하는 일이 있다. 재능교육헌장과 스스로교육철학을 수첩에 정성껏 적는다. 이 내용들은 이미 재능교육 다이어리에 인쇄되어 나와 있지만 나는 내 손으로 직접 다시 적는다. 그 내용들이 인쇄된 글귀로만 남아 있지 않고 생생하게 현장에서 펄떡이는 지침이 될 수 있도록, 그리고 한순간도 잊지 않고 되새길 수 있도록 신념화하는 것이다.

최근 세계적인 패션 갑부로 부상한 유니클로의 야나이 다다시柳井正 회장도 맥도날드 레이크로 회장의 명언 "과감하게, 남보다 먼저, 남과 다르게"를 매년 새로운 수첩에 옮겨 적는 것으로 유명하다. 그는 '언제 어디서나 누구든지 먹을 수 있는' 맥도날드의 패스트푸드에 감명받아 '언제 어디서든 누구나 입을 수 있는' 패스트 리테일링을 시작했기 때문이다. 수첩에 옮겨 적는 것은 마치 신도들이 경전을 필사하는 마음과 같을 것이다. 기록을 할 때 우리는 종이에만 하는 것이 아니라 머리와 마음에도 다시 한 번 새기게 된다. 그것이 기록의 힘이며 메모의 힘이다.

09___

시와 음악,
예술이 있는 교육

전국 시낭송 운동을 시작하다

나는 김춘수 시인의 〈꽃〉이라는 시를 좋아한다. "내가 그의 이름을 불러주었을 때 그는 나에게로 와서 꽃이 되었다"라는 구절이 나의 교육철학과 일치하기 때문이다. 그래서 기회가 있을 때마다 재능선생님들에게 "여러분이 사랑을 듬뿍 담아 아이의 이름을 불러주면 아이들은 꽃처럼 피어날 것입니다"라고 강조한다.

아이들을 어떤 꽃으로 피우게 할 것인지 고민하는 사람이 바로 재능선생님이다. 부모도 마찬가지로 아이들의 재능을 꽃피우는 원예가의 역할을 한다.

언제부터인가 시는 입시용 교과서 안에만 머물게 되었다. 그러나 예로부터 우리 선비의 기본 요건이 시작詩作과 시 암송이었다. 공자는 "시를 300편 읽으면 모든 사악한 마음이 사라진다(시삼백 사무사, 詩三百 思無邪)"라고 했는가 하면, 고려 충숙왕은 4운율시四韻律詩 100수를 암송하는 사람에게만 과거시험 응시 자격을 주었다는 기록이 있다. 외국의 지도자들은 중요한 메시지를 던질 때 시를 인용하는 일이 자주 있다. 프랑스에서는 초등학교부터 고등학교 졸업할 때까지 100편의 시를 외우게 한다고 한다. 그것이 문화적 저력 아닐까?

　도덕성이 없는 기술은 재앙이 될 수도 있기에 무한한 가능성을 지닌 아이들의 재능도 정서적인 바탕 위에 키워주었으면 좋겠다는 생각이 들었다. 시어詩語는 응축된 이미지 표현이므로 시를 50편쯤만 외우고 익혀도 사용하는 어휘나 표현이 달라진다. 또한 시는 운과 율의 수학적인 구조를 갖추고 있기 때문에 논리적인 두뇌 발달도 가져온다. 시가 우리 아이들에게 가져올 수 있는 변화는 실로 무궁무진하다.

　스스로교육철학을 기본으로 해서 교육 사업을 해오다 보니 "어떻게 하면 학습자들에게 스스로 변화할 수 있는 좋은 환경을 만들어줄 수 있을까?"에 모든 초점이 맞춰진다. 학습자가 스스로 공부할 수 있는 학습시스템을 만들어주기 위해서는 부모와 교사, 학생 간에 서로 소통하는 정서가 필요하다. 소통에 있어 가장 중요한 것은 감성교육이다. 감성이 살아 있어야 서로 공감할 수 있기 때문이다.

　감성교육은 어떤 방식으로 해야 할까? 그때 얻은 대답이 시낭송이었다. 부모와 자녀가 함께 좋은 시를 읽고 낭송하다 보면 감성이 순화될 뿐만 아니라 소통하고 공감할 수 있는 마음이 생기지 않을까 싶었다. 영화 〈죽은 시인의 사회〉는 학생들의 시낭송 활동을 통해 주입식 교육에 찌든 청소년들을 창의적 인재로 바꾸는 것이 주된 내용이며, 영화 제목도 시낭송 동아리 이름이다.

어린이에게 시심詩心을 심어주기 위해 1991년 '전국 어린이와 어머니 시낭송대회'를 개최했다. 전국 시낭송경연대회 출신의 시낭송가와 시낭송을 사랑하는 회원들이 1993년 재능시낭송협회를 창립했고, 지금은 600여 명에 이르는 전국 규모의 시낭송 전문단체로 성장했다.

재능시낭송협회는 매년 시낭송 공연, 시낭송 세미나, 시낭송 교실, 시사랑회지 발간 등 다양한 활동을 벌이고 있으며, 일반 시민들의 시낭송 참여를 위해 매월 전국 지회에서 재능목요시낭송회, 시사랑 월례회를 개최하고 있다. 재능시낭송협회는 서울의 중앙회를 비롯하여 부산, 대구, 대전, 광주, 울산, 강원, 충북, 충남, 경북, 경남, 전북, 전남, 제주, 캐나다 등 국내외에 16개 지회를 두고 재능교육의 지원을 받아 시낭송 보급에 앞장서고 있다. 지금까지 27년 동안 초등학생 16,245명, 중고등학생 3,543명, 성인 9,264명이 재능시낭송대회를 거쳐갔다.

재능교육은 이러한 직접적인 시낭송 보급 활동 외에도 시낭송 이론서, 시낭송CD 발간 등 다양한 분야에서 꾸준한 활동을 전개해오고 있다.

이와 더불어 매년 여름 2박 3일간 개최되는 시낭송캠프인 '재능시낭송여름학교'에는 300여 명의 시낭송 애호가들이 참석하여 유명

시인들의 초청 강의와 시낭송 실습도 함께하고 있다. 초·중·고 교사들을 대상으로 하는 시낭송지도교육과정과 '재능어린이시낭송학교'도 함께 운영하고 있다.

특히 전국의 초·중·고등학교를 찾아가 시낭송의 즐거움을 직접 전하는 '찾아가는 시낭송' 활동도 재능시낭송협회 전국 지회와 연계하여 지속적으로 펼치고 있는데, 학생들은 물론 학교 교사들로부터 높은 호응을 얻고 있다.

시낭송 운동을 전개하면서 무엇보다 보람을 느낀 것은 2008년 KBS와 함께한 '시인만세'다. 2008년 시의 날인 11월 1일에 서울 국립극장에서 현대시 탄생 100주년을 기념하여 KBS와 공동주최로 개최한 '시인만세'를 통해 한국인이 즐겨 읽는 시 10편을 선정하고, 현역 시인과 작고 시인의 대표시 낭송을 진행하여 1,000여 명이 넘는 관객들로부터 뜨거운 호응을 받았다. 우리나라에서 이런 대대적인 시낭송 행사를 공영방송이 주관한 것은 처음 있는 일이었다. 마침 나는 그 전해인 2007년 한국시인협회로부터 시낭송 보급 활동 공로로 명예시인으로 추대받는 영예를 안았기에 더욱 의미가 깊었다. 요즘에는 회식 자리에서 노래 대신 시낭송을 즐겨 한다.

나는 또한 미래의 동량이 될 어린이의 정서를 함양하고 꿈과 희망을 북돋워주기 위해 가치 있는 교육문화 사업의 일환으로 동화구연 행사에 관심을 기울여왔다. 2001년부터 시작된 전국 재능동화구연대회는 유아부터 성인까지 다양한 연령층이 참여하여 동화구연을 통해 언어 순화와 풍부한 감성, 상상력과 창의성을 길러주는 문화행

사로 발전하고 있다.

2017년에는 17회 대회를 개최했는데, 치열한 예선을 거쳐 본선대회 진출한 참가자 가운데 동상 이상을 수상하면 한국아동문학인협회가 인정하는 동화구연가 증서도 주어진다. 이 대회에서 배출된 동화구연가들이 중심이 되어 재능동화구연협회가 구성되었으며, 유치원, 각급 학교 및 교육문화센터 등에서 동화를 사랑하고 동화구연을 즐기는 마음을 전파하고 있다.

재능시낭송대회, 전국 재능동화구연대회와 더불어 재능기 전국 초등학교배구대회도 매년 개최하고 있다. 오랜 역사와 전통, 규모를 자랑하는 재능기 배구대회는 배구 꿈나무를 육성하고 어린이의 건강한 성장을 돕기 위해 1996년부터 열리고 있는데, 그동안 김연경(제4회 MVP, 국가대표) 등 유명 배구 스타들을 다수 배출했다. 2017년의 22회 대회는 전국에서 남자 26개 팀과 여자 21개 팀, 총 47개 초등학교 배구팀이 5일간 열띤 경쟁을 벌이며 역대 최대 규모로 개최되었다.

교육, 창의, 예술의 광장
재능문화센터(JCC)

"기업이 얻은 이익을 사회에 환원하여 건전하고 풍요로운 교육·문화 환경을 조성하겠다"는 평소의 생각을 구현하기 위해 나는

1992년 재단법인 재능문화를 설립했다. 문화활동과 함께 장학사업, 교육활동 지원을 주요 사업으로 실시하고 있다. 매년 개최하고 있는 전국 재능시낭송대회와 전국 재능전국동화구연대회는 대표적인 문화활동 지원 사업이다.

2015년에는 혜화동 본사 사옥 앞에 세계적인 건축가 안도 다다오安藤忠雄가 설계한 명품 건물 재능문화센터(JCC)가 문을 열었다. JCC 건물 2동 중에 크리에이티브센터는 내가 오랫동안 살던 집터에 세워졌다.

건물의 외양에 못지않게 내부 설계와 운영에도 많은 신경을 쓰고 있으며, 음악홀은 일본 최고 음향회사인 나가타음향이 음향 설계를 맡아 호평을 받고 있다. JCC아트센터에서 연주를 했던 바이올리니스트 정경화, 피아니스트 백건우는 우리 음악홀의 수준을 아주 높이 평가했다.

JCC는 세계적인 수준의 대가들을 유치하는 것에 머물지 않고, 교육기업에 걸맞게 교육, 창의, 예술이라는 주제를 중심으로 운영하는 것을 원칙으로 하고 있다. 예술에 재능이 있는 학생들을 발굴하여 공연과 지원을 아끼지 않을 뿐만 아니라 어린이들이 느끼고 생각하고 감동을 받을 수 있는 전시기획을 많이 진행할 생각이다.

끊임없는 현장답사의 발길

　　　　　　　　문화센터 건물을 구상하고 있을 즈음 나는 일본 세토 내해에 있는 예술의 섬 나오시마直島를 여행하면서 큰 영감을 얻어 밑그림을 그리게 되었다. 폐탄광 지역을 생태 환경이자 예술의 공간으로 변신시킨 모습에 감명을 받았던 것이다. 그러나 나를 더 감동시킨 것은 이 프로젝트를 설계한 안도 다다오라는 건축가였다. 그는 내가 수십 년간 역설해온 스스로교육철학을 실제로 자신의 삶에 구현한 인물이었다.

　어려서는 말썽꾸러기였지만 언제나 손자의 가능성을 믿고 격려하며 사랑으로 대해준 외할머니 덕분에 안도 다다오는 뒤늦게 건축가의 꿈을 꾸게 되었다. 그는 고등학교 졸업 후 권투 선수와 트럭 운전수를 하다가 건축에 몰입해서 헌책방을 뒤지며 스스로 학습을 함으로써 건축계의 노벨상이라 불리는 프리츠커상을 수상했다. 재능문화센터JCC는 서울 도심에 유일하게 있는 안도 다다오의 작품이기에 전국 대학의 건축학과 교수와 학생들의 현장 답사 발길이 끊이지 않고 있다.

　많은 사람들이 모여서 감성을 발달시키고 서로 소통하며 그것이 교육 환경에 영향을 미칠 수 있는 공간, 열정을 지닌 사람이 모이고 좋은 변화를 만들어가는 장소, 오랜 꿈이었던 재능문화센터는 그렇게 탄생했다.

10___

미래를 향한 도약

호기심 잃는 순간 노인이 된다

"20살이든 80살이든 배움을 멈추면 늙는다. 누구든 배움을 계속하는 사람이 젊다. 인생에 있어서 가장 위대한 것은 정신을 젊게 유지하는 것이다." 끊임없이 혁신을 창조해온 자동차 왕 헨리 포드가 한 이 말은 스스로학습에 대한 용기를 북돋아준다. 지적 호기심은 인간의 자발적 본성이다. 배움의 기쁨을 잃지 않는 한 인간은 성장한다. 프랑스의 미테랑 전 대통령은 "호기심을 잃는 순간 노인이 된다"라고 말했다. 젊은 사람도 호기심을 잃으면 노인이고, 늘 호기심을 갖고 살아간다면 나이는 숫자에 불과하다는 것이다.

시시각각 변화하는 시대에 살면서 배움을 멈춰버리는 것은 그만큼의 세상을 포기하는 셈이다. 나도 이제 70대 중반에 접어들었지만 4차 산업이라는 새로운 시대에 걸맞은 교육 사업 구상에 몰입하면서 새로운 활력과 즐거움을 느끼고 있다.

나를 변화시키는 교육

교육이란 자기 스스로를 변화시키는 일이다. 스스로교육철학을 전파하는 우리 자신부터 스스로학습을 실행해야 한다. 그리고 실제로 많은 재능인들이 자신의 일과 삶에 스스로학습과 스스로교육철학을 실천함으로써 부단히 변화하려고 노력하고 있다.

나는 일찌감치 사업을 시작했기에 스트레스를 핑계로 줄담배를 피우다가 25년 전에 담배를 끊었다. 많은 흡연자들이 그렇듯이 그전에도 금연 시도는 여러 차례 했다. 일주일만 끊자, 한 달만 끊자, 3개월만 끊자. 수도 없이 작심했지만 얼마 못 가서 또 담배를 찾았다. 습관을 만드는 것도 어렵지만 습관에서 완전히 벗어나는 것 또한 쉽지 않았다. 마침내 천식이 와서 숨을 제대로 쉬지 못하면서도 담배를 끊지 못하는 내 자신이 부끄러웠다. 특히 스스로학습을 주장하면서 좋은 습관을 강조하는 교육회사의 CEO가 거듭해서 금연에 실패하는 모습이 한심하다는 생각마저 들었다.

나는 다시 1,000일의 금연 목표를 세우고 내 의지를 시험하기로 결심했다. 그리고 마침내 이 목표를 달성했다. 그 이후 지금까지 비흡연자로 살고 있다. 1,000일 동안 담배를 멀리하자 담배 상표도 생각이 나지 않았다. 심지어 담배 냄새조차 싫어하게 돼서 출장 때 호텔에 가도 금연이 되지 않으면 잠을 이룰 수가 없을 정도였다.

담배 없이 일주일도 못 버티던 내가 1,000일을 어떻게 견딜 수 있었을까? 처음에는 갈등을 지속하다가 어느 정도 시간이 지나면 그동안 지켜왔던 성과를 칭찬하고 격려하면서 자신감을 얻었다. 보상도 따랐다. 우선 가슴이 편했다. 철마다 맞이하던 감기도 안 걸리고 피로감도 줄었다. 그 사이클이 반복되면서 점차 자연스럽게 습관으로 굳어졌다. 1,000일이면 2만 4,000시간이다. '1만 시간의 법칙'을 적용해봐도 충분히 변화가 일어날 만한 시간이었다.

스스로학습법에서 강조하는 것도 공부하는 습관을 기르는 것이다. 작은 목표를 달성할 때마다 스스로 자신감을 얻고, 그것이 다시 동기가 되어 움직이게 된다. 그러는 동안 성공의 습관이 몸에 배고, 원하는 바를 끝까지 밀고 나가는 힘이 생긴다. 우리가 목표한 바를 이룰 때까지 가는 여정이 이와 다를 바 없다. 실패해도 끈기 있게 다시 도전하는 근성이 잠재적인 능력을 한껏 발휘하게 해서 더 큰 성공을 불러온다.

교육은 곧 변화다. 모르는 것을 알게 하고, 잘못된 것을 바로 잡아 좋은 방향으로 변화시키는 것이 교육이다. 그러려면 부모 자신들부터 변화해야 한다.

긍정성은 성장을 위한 전제조건

모든 성장을 위해 전제되어야 하는 것은 긍정성이다. '안 될 거야'라는 마음으로는 의욕도 생기지 않고 효율도 떨어진다.

학습에서도 긍정성은 아주 중요하다. 스스로 알고 싶어 하고 할 수 있다고 믿을 때 학습 효율도 높아진다. 또한 부모나 선생님이 아이의 가능성을 믿어주는 긍정적 마음을 가지고 있을 때 아이는 그만큼 성장한다. 항상 긍정적이고 적극적인 습관을 갖고 열정으로 자신의 일에 몰입해야 한다. 사명감을 넘어 일을 즐기고 미치도록 몰입할 때 원하는 목표에 이를 수 있다.

첼로의 성자로 불리는 스페인의 파블로 카잘스Pablo Casals는 96세로 세상을 떠나는 날까지 평생 동안 매일같이 기쁜 마음으로 첼로 연습을 한 것으로 유명하다. 그가 95세 때 기자와 나눈 인터뷰 내용이 인상적이다. "선생님께서는 역사상 가장 위대한 첼리스트입니다. 그런데 아직도 하루에 6시간씩 연습하는 이유가 무엇입니까?" "왜냐하면 내 연주 실력이 아직도 조금씩 향상되고 있기 때문이요." 스스로학습과 평생학습의 좋은 모델이 아닐 수 없다.

교육은 이 세상 어떤 일보다 가치 있는 일이다. 교육은 수천 년간 인류가 쌓아온 지식을 후손들에게 전수함으로써 새로운 사회에 적응할 수 있도록 변화시키는 일이므로 궁극적으로 사회에 공헌하는 길이다. 매순간 우리는 이 일이 지니는 의미를 새기며, 무한한 자긍심으로, 또한 한없는 즐거움으로 미래를 향해 더 큰 발걸음을 옮기고 있다.

좋아서 쉬워서 스스로 배우는
행복한 사람들

재능교육을 시작할 때 나의 꿈은 "전 세계 어린이들의 책상 위에 이 프로그램식 학습지를 올려놓겠다"였다. 40년이 지나는 동안 내 꿈은 "생애 단계별 교육프로그램을 개발해서 모든 사람의 평생교육에 도움이 되겠다"로 성장했다. 나는 '스스로학습'을 통해 각자 자신의 삶을 '스스로경영'하도록 돕는 일을 해왔다. 이 일을 하는 동안 나를 비롯하여 우리 직원들과 선생님들도 '스스로경영인'으로 성장해왔다. 4차 산업혁명 시대에 평생교육과 평생학습은 그림자처럼 붙어다닌다. 그래서 배움은 짐이 아니라 즐거운 놀이가 되어야 한다.

나에게는 오랜 세월 문화의 향기가 배어나는 교육명가의 자부심으로 만들어낸 스스로학습법의 운용 경험과 노하우가 있다. 나는 이를 바탕으로 나의 꿈 동지들과 함께 인간의 전 생애 발달 단계에 필요한 스스로학습 콘텐츠를 생산해낼 것이다. 그리고 가능하면 그것을 전 세계인들에게 보급하고 싶다. 세계 곳곳에서 '스스로학습 콘텐츠'를 바탕으로 멋진 삶을 살아가는 사람들을 상상해본다.

스스로 하면 재미있다. 쉽고 잘하는 것부터 시작하니까 자신감도 붙고 집중력도 생긴다. 시키지 않아도 자꾸 하고 싶어진다. 스스로가 아이를 바꾼다. 어른을 바꾼다. 미래를 바꾼다.

나는 스스로의 힘을 믿는다.

좋아서, 쉬워서, 스스로 공부하는 행복한 사람들로 가득한 세상을 꿈꾼다.

KI신서 7244

스스로학습이 희망이다

1판 1쇄 발행 2018년 1월 5일
1판 4쇄 발행 2018년 3월 20일

지은이 박성훈
펴낸이 김영곤 **펴낸곳** (주)북이십일 21세기북스

정보개발본부장 정지은
정보개발3팀장 문여울 **책임편집** 윤경선
본문디자인 박선향
출판영업팀 이경희 권오권
출판마케팅팀 김홍선 최성환 배상현 신혜진 김선영 나은경
홍보팀 이혜연 최수아 김미임 박혜림 문소라 전효은 염진아 김선아
제휴팀장 류승은 **제작팀장** 이영민

출판등록 2000년 5월 6일 제406-2003-061호
주소 (10881) 경기도 파주시 회동길 201 (문발동)
대표전화 031-955-2100 팩스 031-955-2151 이메일 book21@book21.co.kr

ⓒ 박성훈, 2018
ISBN 978-89-509-7291-2 03590

(주)북이십일 경계를 허무는 콘텐츠 리더

21세기북스 채널에서 도서 정보와 다양한 영상자료, 이벤트를 만나세요!
페이스북 facebook.com/21cbooks   블로그 b.book21.com
인스타그램 instagram.com/21cbooks   홈페이지 www.book21.com
서울대 가지 않아도 들을 수 있는 명강의! 〈서가명강〉
네이버 오디오클립, 팟빵, 팟캐스트에서 '서가명강'을 검색해보세요!